中等职业教育国家规划教材
全国中等职业教育教材审定委员会审定

测量技术

（非测量专业通用）

（测量工程技术专业）

主　　编　眭华兴
责任主审　田青文
审　　稿　赵西安　梁　明

中国建筑工业出版社

图书在版编目（CIP）数据

测量技术/眭华兴主编. — 北京：中国建筑工业出版社，2003（2023.3重印）
中等职业教育国家规划教材. 测量工程技术专业
（非测量专业通用）
ISBN 978-7-112-05429-9

Ⅰ. 测… Ⅱ. 眭… Ⅲ. 测量学—专业学校—教材 Ⅳ. P2

中国版本图书馆 CIP 数据核字（2003）第 048635 号

本书是中等职业教育国家规划教材，根据教育部新颁教学大纲编写而成。全书共 13 章。主要内容有：绪论，水准测量，角度测量，距离测量，GPS 定位技术，测量误差的基本知识，小地区控制测量，大比例尺地形图测绘，地形图的应用，测设的基本方法，地质勘探工程测量，地下坑道测量，建筑施工测量等。

本书可供中等职业学校非测量专业的学生使用，也中供相关技术人员参考。

中 等 职 业 教 育 国 家 规 划 教 材
全国中等职业教育教材审定委员会审定
测量技术
（非测量专业通用）
（测量工程技术专业）
主　编　眭华兴
责任主审　田青文
审　稿　赵西安　梁　明
*
中国建筑工业出版社出版、发行(北京西郊百万庄)
各地新华书店、建筑书店经销
北京建筑工业印刷厂印刷
*
开本：787×1092毫米　1/16　印张：10¾　字数：257 千字
2003 年 7 月第一版　2023 年 3 月第十次印刷
定价：**20.00** 元
ISBN 978-7-112-05429-9
（21671）

版权所有　翻印必究
如有印装质量问题，可寄本社退换
（邮政编码　100037）

中等职业教育国家规划教材出版说明

　　为了贯彻《中共中央国务院关于深化教育改革全面推进素质教育的决定》精神，落实《面向21世纪教育振兴行动计划》中提出的职业教育课程改革和教材建设规划，根据教育部关于《中等职业教育国家规划教材申报、立项及管理意见》（教职成［2001］1号）的精神，我们组织力量对实现中等职业教育培养目标和保证基本教学规格起保障作用的德育课程、文化基础课程、专业技术基础课程和80个重点建设专业主干课程的教材进行了规划和编写，从2001年秋季开学起，国家规划教材将陆续提供给各类中等职业学校选用。

　　国家规划教材是根据教育部最新颁布的德育课程、文化基础课程、专业技术基础课程和80个重点建设专业主干课程的教学大纲（课程教学基本要求）编写，并经全国中等职业教育教材审定委员会审定。新教材全面贯彻素质教育思想，从社会发展对高素质劳动者和中初级专门人才需要的实际出发，注重对学生的创新精神和实践能力的培养。新教材在理论体系、组织结构和阐述方法等方面均作了一些新的尝试。新教材实行一纲多本，努力为教材选用提供比较和选择，满足不同学制、不同专业和不同办学条件的教学需要。

　　希望各地、各部门积极推广和选用国家规划教材，并在使用过程中，注意总结经验，及时提出修改意见和建议，使之不断完善和提高。

教育部职业教育与成人教育司
2002年10月

前 言

本书根据教育部新颁教学大纲编写而成，是教育部规划的中等职业学校非测量类专业通用教材。

全书共13章，分为三大部分：第一部分（第1~6章）主要介绍了测量学的基本知识、基本理论以及测量仪器的构造和使用方法，并简要介绍GPS测量技术和测量误差的基本知识；第二部分（第7~9章）介绍了小地区控制测量及大比例尺地形图的测图、地形图的应用；第三部分（第10~13章）为施工测量部分，着重介绍了测设的基本作业方法、地质勘探测量、地下坑道测量以及建筑施工测量，各专业可根据专业需要选用。

本书按照国家现行测量规范编写，紧密结合测量作业的实际，适当介绍了测量的新方法、新技术。本书充分考虑了中等职业学校的教学实际和学生的学习特点，力求做到简明扼要、通俗易懂，书中省略了大量公式的推导，详细介绍了各种测量作业的程序、方法及有关注意事项，注重实际能力的培养。为了增强直观性，使学生容易掌握教材内容，书中附有较多的插图。为满足教学需要，每章后面均附有思考题和习题，书后还附有参考答案。

本书由睢华兴（第4、6、7、8、9、10、13章）、支和帮（第1、2、3章）、江宝波（第11、12章）、沈学标（第5章）编写，并由睢华兴任主编。本套教材由长安大学田青文负责主审，本书由西安建筑科技大学赵西安和西安科技学院梁明审稿。

在编写本教材过程中，我们参考了有关院校、单位和个人的文献资料，在此表示感谢。由于编者业务水平有限，难免有错漏之处，敬请读者批评指正。

编者

目　　录

第一章　绪论 ··· 1
　　第一节　测绘的基本概念 ··· 1
　　第二节　地面点位的确定 ··· 2
　　第三节　测量工作概述 ··· 7
第二章　水准测量 ··· 9
　　第一节　水准测量原理 ··· 9
　　第二节　水准测量仪器和使用 ··· 9
　　第三节　水准仪的使用 ··· 12
　　第四节　水准测量的外业 ··· 13
　　第五节　水准测量的内业计算 ··· 16
　　第六节　水准仪的检验和校正 ··· 18
　　第七节　水准测量误差及注意事项 ··· 20
第三章　角度测量 ··· 24
　　第一节　角度测量原理 ··· 24
　　第二节　DJ_6型光学经纬仪 ··· 25
　　第三节　水平角观测 ··· 27
　　第四节　竖直角观测 ··· 32
　　第五节　经纬仪的检查校正 ··· 34
第四章　距离测量 ··· 40
　　第一节　钢尺量距 ··· 40
　　第二节　电磁波测距 ··· 45
　　第三节　视距测量 ··· 47
　　第四节　直线定向 ··· 50
第五章　GPS 定位技术 ··· 53
　　第一节　GPS 定位系统的发展历史 ··· 53
　　第二节　GPS 定位系统的应用特点 ··· 55
　　第三节　GPS 定位系统的组成 ··· 56
　　第四节　GPS 坐标系统 ··· 58
　　第五节　GPS 定位的基本原理 ··· 58
　　第六节　GPS 测量的实施 ··· 59

第七节　GPS定位技术的应用 ……………………………………………… 61
第六章　测量误差的基本知识 …………………………………………………… 64
　　第一节　概述 ……………………………………………………………… 64
　　第二节　衡量精度的指标 ………………………………………………… 65
　　第三节　观测值的精度评定 ……………………………………………… 66
　　第四节　观测值函数的精度评定 ………………………………………… 68
第七章　小地区控制测量 ………………………………………………………… 71
　　第一节　概述 ……………………………………………………………… 71
　　第二节　导线测量 ………………………………………………………… 72
　　第三节　前方交会法 ……………………………………………………… 80
　　第四节　三、四等水准测量 ……………………………………………… 82
　　第五节　三角高程测量 …………………………………………………… 84
第八章　大比例尺地形图测绘 …………………………………………………… 89
　　第一节　地形图的基本知识 ……………………………………………… 89
　　第二节　测图前的准备工作 ……………………………………………… 98
　　第三节　地形测图的方法 ………………………………………………… 99
　　第四节　地形图的绘制与拼接 …………………………………………… 105
　　第五节　地籍测量简介 …………………………………………………… 107
第九章　地形图的应用 …………………………………………………………… 113
　　第一节　地形图的识读 …………………………………………………… 113
　　第二节　地形图的应用 …………………………………………………… 114
第十章　测设的基本方法 ………………………………………………………… 119
　　第一节　已知水平距离的测设 …………………………………………… 119
　　第二节　已知水平角的测设 ……………………………………………… 120
　　第三节　已知高程的测设 ………………………………………………… 121
　　第四节　点的平面位置的测设 …………………………………………… 122
　　第五节　已知坡度直线的测设 …………………………………………… 123
第十一章　地质勘探工程测量 …………………………………………………… 126
　　第一节　地质勘探工程测量 ……………………………………………… 126
　　第二节　钻探工程测量 …………………………………………………… 128
　　第三节　地质剖面测量 …………………………………………………… 130
　　第四节　地质点测量 ……………………………………………………… 135
第十二章　地下坑道测量 ………………………………………………………… 136
　　第一节　概述 ……………………………………………………………… 136
　　第二节　井下测量 ………………………………………………………… 137

| 第三节　坑道施工测量 …………………………………………… 142
| 第十三章　建筑施工测量 …………………………………………………… 146
| 第一节　建筑场地上的施工控制测量 …………………………… 146
| 第二节　民用建筑施工测量 ……………………………………… 149
| 第三节　工业厂房施工测量 ……………………………………… 152
| 第四节　建筑物变形观测 ………………………………………… 154
| 第五节　竣工总平面图的编绘 …………………………………… 157
| 参考答案 ……………………………………………………………………… 160
| 主要参考文献 ………………………………………………………………… 162

第一章 绪 论

第一节 测绘的基本概念

一、测绘学与测量学

测量学与制图学统称为测绘学。测绘学是一门研究对地球整体及其表面与外层空间中的各种自然和人造物体上与地理空间分布有关的信息进行采集、处理、管理、更新和利用的科学和技术。它既要研究测定地面点的几何位置、地球形状、地球重力场，以及地球表面自然形态和人工设施的几何形态；又要结合社会和自然信息的地理分布，研究绘制全球和局部地区各种比例尺的地形图和专题地图的理论和技术。前者和后者构成测绘学，由此可见，测量学是测绘学科的重要组成部分。

二、测绘学的分科

测绘学的服务范围和对象，涉及国民经济和国防建设中与利用空间信息有关的各个领域，其学科内容主要有：大地测量学、工程测量学、摄影测量与遥感学、地图制图学和海洋测绘学等。

大地测量学——研究地球形状、大小和重力场及其变化，通过建立区域和全球三维控制网、重力网及利用卫星测量、甚长基线干涉测量等方法测定地球各种动态的理论和技术的学科。

工程测量学——研究工程建设和自然资源开发中各个阶段进行的控制测量、地形测绘、施工放样、变形监测及建立相应信息系统的理论和技术的学科。

摄影测量与遥感学——研究利用电磁波传感器获取目标物的几何和物理信息，用以测定目标物的形状、大小、空间位置，判释其性质及相互关系，并用图形、图像和数字形式表达的理论和技术的学科。

地图制图学——研究地图的信息传输、空间认知、投影原理、制图综合和地图的设计、编制、复制以及建立地图数据库等的理论和技术的学科。

海洋测绘学——研究海洋定位、测定海洋大地水准面和平均海面、海底和海面地形、海洋重力、磁力、海洋环境等自然和社会信息的地理分布，及编制各种海图的理论和技术的学科。

三、测绘工作在国家建设中的作用

我国幅员辽阔，地下矿藏资源丰富，经济建设和国防建设蒸蒸日上，在建设和保卫祖国的伟大事业中，测绘工作的作用和意义是十分巨大的。

在地质矿产勘查中，测绘工作是一项重要的先行性、基础性并具有精确性特点的工作。例如，为地矿资源勘查区提供大地定位基础；为描述勘查区各种地形、地质、矿产分布形态规律和赋存关系，测绘或编制各种地形图、地质图、专题地图；为防治地质灾害、监测地面沉降、滑坡、泥石流等及时提供各种变形数据；为矿山开发建设提供测绘保障。

在农业和林业中，正确地进行土地整理以及森林的建设与经营，改良土壤、整理土地、开垦荒地以及实现许多旨在发展农业和林业的其他措施时，不仅需要利用地图和地形图，更需要进行精确的测量工作。

在交通运输业中，当修建铁路、公路、通航运河及它们的附属建筑工程时，要根据地形图来制定初步方案，在勘察、设计和施工的各个阶段，都要进行测量工作。

在城市建设中，科学的规划和整理居民用地，城市的扩充与改建计划，建设城市交通路线，敷设地下管线、兴建地下铁道等，都必须有地形图和地图，并进行专门的测量工作。

人类赖以生存的土地，如何科学地利用和管理，是每个国家都必须解决的问题。而为了解决这一问题，首先就要进行地籍测量工作。

在工程建设方面，工程的勘测、规划、设计、施工、竣工及运营后的监测、维护都需要测量工作。在军事上，首先由测绘工作提供地形信息，在战略的部署、战役的指挥中，除必需的军用地图（包括电子地图、数字地图）外，还要进行目标的观测定位，以便进行打击。至于远程导弹、空间武器、人造地球卫星以及航天器的发射等，除了测算出发射点和目标点的精确坐标、方位、距离外，还必须掌握地球形状、大小、重力场的精确数据。航天器发射后，还需要跟踪观测飞行轨道是否正确。总之，现代战争与现代测绘技术紧密结合在一起，是军事上决策的重要依据之一。

在科学实验方面，如地震预测预报、灾害监测、空间技术研究、海底资源探测、大坝变形监测、加速器和核电站运营的监测等等，无一不需要测绘提供基础数据信息。

此外，对建立各种地理信息系统（GIS）、数字城市、数字中国，都需要现代测绘科学提供基础数据信息。

第二节 地面点位的确定

一、地球的形状和大小

测量工作主要是在地球自然表面进行的，而地球表面很不规则，有高山、丘陵、平原和海洋。其中陆地最高处为我国西藏的珠穆朗玛峰，高出海面8848.13m，最深处为马利亚纳海沟，在海平面下11022m。但这样的起伏，与地球的平均半径6371km比较起来，是微不足道的。我们知道，自由静止的水面是一个处处与铅垂方向垂直的连续曲面，这个连续曲面叫水准面，与水准面相切的平面称为水平面。水面可高可低，因此水准面有无数个。而由于海洋约占地球表面的71%，为此，我们用一个假想的处于流体静平衡状态的海洋面（无波浪、潮汐、海流和大气压变化引起的扰动）重合并延伸向大陆且包围整个地球的重力等位面，这个等位面称为大地水准面，其包围的形体叫大地体。大地水准面也是地面点高程的起算面。

用大地体表示地球形体是恰当的，但由于地球内部质量分布不均匀，引起地球表面上各点的铅垂线方向产生不规则的变化，所以大地水准面是一个不规则的曲面，无法用数学公式描述它。为了解决这个问题，选择一个非常接近于大地水准面的，可以用数学公式描述的旋转椭球来代替大地体作为测量计算的基准面，这个椭球称为参考椭球，如图1-1所示。

如图1-2所示，参考椭球是绕NS轴旋转而形成，其形状和大小由长半径a、短半径b及扁率α确定，它们的关系为

$$\alpha = \frac{a-b}{a} \tag{1-1}$$

a、b、α 称为参考椭球元素。

确定参考椭球元素是大地测量学的主要任务之一，我国 1980 年建立的国家大地坐标系，采用的参考椭球元素为

$$a = 6\ 378\ 140\text{m}$$

$$\alpha = \frac{1}{298.257}$$

由于参考椭球的扁率 α 很小，当测区面积不大时，可近似地把参考椭球当做圆球，其平均半径为 6371km。

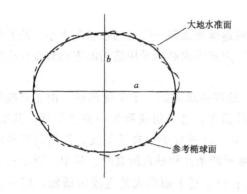

图 1-1 大地水准面与参考椭球的关系

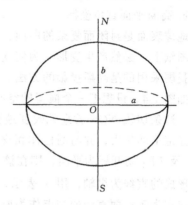

图 1-2 参考椭球

二、地面点位置的确定

测量工作的实质是确定地面点的位置，而地面点的位置通常需要用三个量表示，即该点的平面（或球面）坐标以及该点的高程。确定地面点在地球椭球面或投影在水平面上的位置，一般用坐标来表示，其相应的坐标系统分别为地理坐标系和平面直角坐标系。而地面点的空间位置，则是用地面点到大地水准面的铅垂距离来表示。

（一）地理坐标系

地面点在地球表面上的位置，一般用经度和纬度表示，称为地理坐标。

如图 1-3 所示，N、S 分别是地球的北极和南极，其连线称为地轴，O 为中心点也称为地心。

1. 点的经度

通过地轴和地球上任一点的平面称为子午面；子午面与地球表面的交线称为子午线。国际上公认把通过英国格林威治天文台（图中用 G 表示的点）的子午面称为起始子午面。地面上任一点 M 的经度，就是过该点的子午面与起始子午面之间的夹角 λ，经度由起始子午面向东度量称为东经，向西度量称为西经，其值均为 0°～180°。

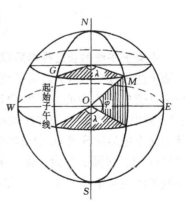

图 1-3 地理坐标

2. 点的纬度

垂直于地轴的平面与地球表面的交线称为纬线；垂直于地轴并通过地心的平面称为赤道面，赤道面与地球表面的交线称为赤道。以赤道面作为纬度的起算面，通过地面点 M

3

的铅垂线与赤道面的交角称为该点的纬度,用 φ 表示。纬度由赤道向北度量称为北纬,向南度量称为南纬,其值均为 $0°\sim90°$。

起始子午面和赤道面组成了地理坐标系。若知道了地面上任一点的地理坐标 (λ,φ),则该点在此坐标系中的位置就确定了。例如南京市中心区某点的地理坐标为东经 $118°47'$,北纬 $32°03'$。

(二) 平面直角坐标系

采用地理坐标确定地面点的位置,其优点是全球坐标统一。但在一定区域内的测量工作,为了便于测量和计算,则多采用平面直角坐标。

1. 高斯平面直角坐标

地球表面是封闭而复杂的曲面,要把全球或地球表面某一区域的形状和大小,绘在平面的图纸上,必然产生变形。为使变形限制在一定范围内必须采用适当的方法解决这个问题。我国采用的是高斯投影的方法。

如图 1-4,设想把一个横置的空心圆柱体与地球椭球的某一子午线相切,由正形投影可知,这条切线 NOS 就毫无改变地投影到圆柱面上,这条切线称为中央子午线。其次,若将赤道平面扩大,并与圆柱体相交,则交线 WE 必垂直于中央子午线。然后将圆柱沿 MM_1 及 LL_1 切开展为平面,则在该平面上就形成两条互相垂直的直线,其中,以中央子午线形成的直线为纵轴,用 x 表示,向北为正;以赤道平面形成的直线为横轴,用 y 表示,向东为正;两直线的交点作为原点 O,组成高斯平面直角坐标系统。

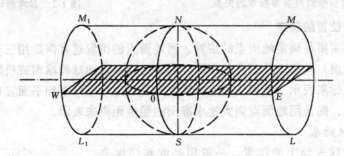

图 1-4 高斯平面直角坐标的投影

中央子午线的长度投影后没有变形,但是其他线段离开中央子午线愈远,则投影在圆柱面上的长度变形愈大。为了使投影后的变形不超过测量所要求的精度,投影的范围必须以中央子午线为中心,限制两边的宽度。我国采用高斯投影的 6°分带法(带宽为经度6°),即中央子午线两边的经差各为 3°,如图 1-5 上半部所示,自格林威治起始子午线起,从西向东把地球分成 60 个投影带。为了满足较高的精度要求,应采用 3°分带法,即从东经 $1°30'$起,每隔 3°分为一带,全地球分为 120 个投影带(图 1-5 下半部)。任一带中央子午线的经度与带号 (N、n) 的关系为

$$\lambda_0 = 6N - 3 (6°带) \tag{1-2}$$

$$\lambda'_0 = 3n (3°带) \tag{1-3}$$

在每一个高斯投影带内,都有各自的坐标轴和坐标原点。我国在北半球,x 为正值,而 y 有正有负,为了避免横坐标产生负值,习惯上都把坐标原点向西移 500km,如图 1-6。当任何点的横坐标加上 500km 后,则原点以东的横坐标均为正值。

例如，A 点的横坐标 $y_A = 122$km，坐标原点移动后，$y_A = 500 + 122 = 622$km；又如，B 点的横坐标 $y_B = -130$km，而原点移动后，$y_B = 500 - 130 = 370$km。

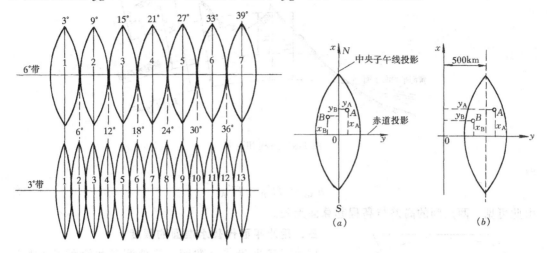

图 1-5　6°和 3°投影分带　　　　　　　图 1-6　坐标纵轴西移

为了区别点所在的投影带，在横坐标值前应加注带号。如上述 A 点若在 35 带，则其横坐标写为 35 622km，同理，若 B 点在第 40 带，则应写为 40 370km。

2. 独立平面直角坐标系

当测量范围较小时（如半径不大于 10km 的范围），可以将该测区的球面看做为平面，直接将地面点沿铅垂线方向投影到水平面上，用平面直角坐标来表示该点的投影位置。在实际测量中，一般将坐标原点选在测区的西南角，使测区内点的坐标均为正值，并以该测区的子午线（或磁子午线）的投影为 x 轴，向北为正，由此建立了该测区的独立平面直角坐标系，如图 1-7 所示。

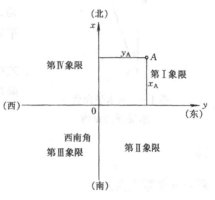

图 1-7　独立平面直角坐标系

（三）地面点的高程

地面点沿铅垂线方向到大地水准面的距离，称为该点的绝对高程。如图 1-8 所示，H_A、H_B 分别表示地面上 A、B 两点的绝对高程。

目前我国采用"1985 国家高程基准"系统。它是以青岛验潮站 1953～1977 年间的观测资料来计算确定的黄海平均海水面，作为高程起算基准面。

有时，确定某点的绝对高程有困难时，我们可以假定任意一个水准面作为地面点的高程起算面，这个水准面称为假定水准面。从地面点到假定水准面的铅垂距离称为该点的假定高程（或相对高程）。图 1-8 中，H'_A、H'_B 就是由假定水准面起算的 A、B 两点的假定高程。

地面两点的高程之差称为高差，以 h 表示。A、B 两点的高差为

$$h_{AB} = H_B - H_A \tag{1-4}$$

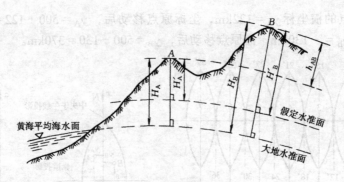

图 1-8 高程和高差

或
$$h_{AB} = H'_B - H'_A \tag{1-5}$$

由此可见，两点间的高差与高程起算面无关。

三、用水平面代替水准面的限度

用水平面来代替水准面，将使测量和绘图工作大为简化，下面来讨论由此引起的影响。

1. 对水平距离的影响

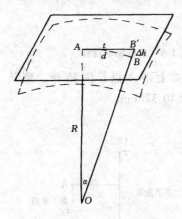

图 1-9 用水平面代替水准面的影响

如图 1-9，取球面上任意两点 A 和 B。设 AB 的球面距离为 d，球心角为 α。通过 A 点作一水平面与 A 点相切，由球心 O 和 OB 的延长线与水平面相交于 B' 点，在平面上 AB' 的距离为 t，则

$$\Delta d = t - d = R\mathrm{tg}\alpha - R\alpha = R(\mathrm{tg}\alpha - \alpha)$$

式中 α 的单位为弧度。将 $\mathrm{tg}\alpha$ 展开为级数形式，并略去高次项得

$$\mathrm{tg}\alpha \approx \alpha + \frac{1}{3}\alpha^3$$

而
$$\alpha = \frac{d}{R}$$

所以水平距离误差
$$\Delta d \approx \frac{d^3}{3R^2} \tag{1-6}$$

$$\frac{\Delta d}{d} = \frac{d^2}{3R^2}$$

当 $d = 10\mathrm{km}$ 时，对距离所产生的相对误差约为 $1:1200000$，即使是最精密的距离丈量，其误差也是允许的。因此，在半径为 $10\mathrm{km}$ 的圆面积范围内，可用水平面代替水准面，而不考虑地球弯曲对距离的影响。

2. 对高程的影响

如图 1-9，由于 A、B 两点是在同一水准面上，所以高程相等。若用水平面代替水准面，则 B 点移到了 B' 点，由此产生高程误差 Δh，其计算公式为

$$(R + \Delta h)^2 = R^2 + t^2$$

则
$$\Delta h = \frac{t^2}{2R + \Delta h}$$

由于分母中的高程误差 Δh 远远小于地球半径 R，可忽略不计，而分子 t 可用弧长 d 代

替，故上式可改为

$$\Delta h = \frac{d^2}{2R} \tag{1-7}$$

取 $R = 6371 \text{km}$，当 $d = 200\text{m}$ 时，$\Delta h = 3.1\text{mm}$；$d = 1000\text{m}$ 时，$\Delta h = 78\text{mm}$。由此可以看出，以水平代替水准面，对高程的影响是很大的。因此，就高程测量而言，即使距离很短，也应顾及地球曲率对高程的影响。

第三节 测量工作概述

一、测量的基本原则

测量工作是借助于仪器将地面上的地物、地貌测绘到地形图上，或者将图上的设计数据测设到地面上，以指导施工。在立体几何中我们知道，需要用三维坐标（x、y、z）来确定点的空间位置。在测量工作中，我们是通过测定点与点之间的水平距离、水平角度和高差来确定它们之间的相对位置，并通过计算获得点的三维坐标（x、y、H）。任何一种测量工作，无论采用多么精密的仪器和完善的方法，测量的结果中总是会有误差的。因此应采取有效的措施，将误差限制在允许的范围内，并尽量防止误差的累积，以保证测量成果的质量。

为保证测量成果满足设计、施工质量要求，在测绘地形图和建筑物施工放样时，应遵循以下基本原则：

(1) 在测量布局上，应遵循"由整体到局部"的原则；
(2) 在测量精度上，应遵循"由高级到低级"的原则；
(3) 在测量程序上，应遵循"先控制后碎部"的原则。

如图 1-10，为了测绘地形图，首先需进行控制测量，即在测区范围内选择若干个起控制作用的点，叫做基本控制点，以较精确的仪器和方法测定各控制点之间的距离和高差、各控制边之间的水平夹角，并且与国家高等级的控制点进行联测，求算出这些基本控制点的坐标和高程，以确定其平面位置和高程。然后以这些控制

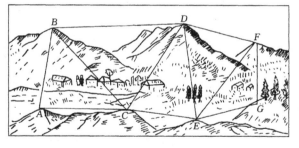

图 1-10 基本控制点的布设

点为依据，进行局部地区的地形图测绘。这种"由整体到局部"、"由高级到低级"、"先控制后碎部"的工作原则，可以避免测量误差的累积，保证测图的精度，而且可以将整个测区划分为若干局部地区，同时进行测量工作，提高工作效率。

二、测量工作的基本要求

在工程建设的规划、设计以及施工、管理中，测绘资料是必不可少的基础资料之一。因此，测绘资料是否正确，将直接影响到工程设计、施工、管理的质量和进度。为了保证工程建设的质量，在测量工作中，必须坚持严肃、认真的科学态度，测量和计算数据步步要有检查和校核，做到测绘资料正确、真实；字迹清楚、整洁；内容完备。

测量仪器是精密贵重的仪器，应按规定要求正确地使用、爱护和保养。另外，要做好

测量工作，还必须有集体意识，团结互助，吃苦耐劳。这些都是测量工作的基本要求。

思 考 题 与 习 题

1. 何谓大地水准面？它的特性是什么？
2. 什么叫高差？高差的正负号的意义是什么？设 A、B 两点间高差 $h_{AB} = +1.386m$，A、B 两点哪点高？又设 $h_{CD} = -0.689m$，D 点比 C 点高吗？
3. 什么叫绝对高程、相对高程？某测区按假定的高程系统测得 A、B、C 三点的高程为 $H'_A = 10.386m$，$H'_B = 9.563m$，$H'_C = 8.601m$，以后与国家高程系统相连，得 C 点高程为 $H_C = 5.678m$，试求 A、B 点在国家高程系统中的高程。
4. 高斯平面直角坐标系是怎样建立的？
5. 测量上的平面直角坐标系与数学上的平面直角坐标系有何区别？
6. 为什么在半径为 10km 的圆半径范围内可用水平面代替水准面，而在很短的距离内进行高程测量，也需考虑地球曲率的影响？
7. 已知某点位于高斯投影 6°带第 20 带，该点在该投影带高斯平面直角坐标系中的横坐标 $y = -209583.46m$，写出该点不包含负值且能区分投影带号的横坐标 y 及该带的中央子午线经度 λ_0。
8. 测量工作应遵循哪些原则？
9. 测量工作的基本要求是什么？

第二章 水准测量

测定地面上各点高程的工作称为高程测量。高程测量根据使用的仪器和测量方法的不同，分为水准测量、三角高程测量和气压高程测量。其中水准测量是最基本和精度较高的一种测量方法，在国家高程控制测量、工程勘察和施工测量中被广泛采用。

第一节 水准测量原理

水准测量是利用水准仪提供的一条水平视线，并借助于标尺来测量地面上两点间的高差，从而由已知点的高程推算出未知点的高程。如图2-1所示，欲测定 A、B 两点间的高差 h_{AB}，可在 A、B 两点间安置一台水准仪，在 A、B 点上各竖立一根水准尺，利用水准仪提供的水平视线，读取 A 尺上的读数 a，再转过望远镜读取 B 尺上的读数 b，则 A、B 两点间的高差为

$$h_{AB} = a - b \tag{2-1}$$

如果 A 点的高程 H_A 为已知高程，B 为待测高程的点，水准测量则由 A 到 B 进行，故 A 点尺上读数 a 为后视读数；B 点尺上读数 b 为前视读数。高差等于后视读数减去前视读数。待测点 B 的高程 H_B 为

$$H_B = H_A + h_{AB} = H_A + (a - b) \tag{2-2}$$

图2-1 (a) 中，A 点高于 B 点，$H_A > H_B$，标尺读数 $a < b$，故由式（2-1）算得的高差 h_{AB} 为负值，反之，如图2-1 (b)，A 点低于 B 点，$H_A < H_B$，标尺读数 $a > b$，故 h_{AB} 为正值。

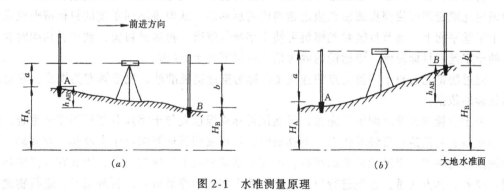

图2-1 水准测量原理

第二节 水准测量仪器和使用

一、DS_3 型微倾式水准仪的构造

图2-2为我国生产的 DS_3 型微倾式水准仪，它由望远镜、水准器和基座三个主要部分组成。

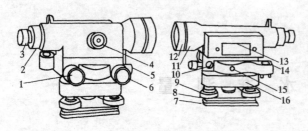

图 2-2 DS₃ 型水准仪
1—微倾螺旋；2—分划板护罩；3—目镜对光螺旋；4—物镜对光螺旋；5—制动螺旋；6—微动螺旋；7—底板；8—三角压板；9—脚螺旋；10—弹簧帽；11—望远镜；12—物镜；13—管水准器；14—圆水准器；15—连接小螺丝；16—轴座

望远镜和水准管连成一个整体，转动微倾螺旋可调节水准管连同望远镜一起在竖直面内作微小转动，从而使望远镜视线精确水平。

圆水准器用于粗略整平仪器。

微动螺旋和制动螺旋，用于控制望远镜在水平方向转动。微动螺旋只有在制动螺旋拧紧后才起作用，此时旋转微动螺旋可使望远镜作缓慢转动，以精确瞄准目标。

下面分别详细介绍水准仪的主要部件：

1. 望远镜

望远镜的主要用途是瞄准目标并在水准尺上读数。图 2-3 是望远镜的剖面图，它主要由目镜、物镜、调焦透镜、十字丝分划板等组成。十字丝分划板（见图 2-10）是用来准确瞄准目标用的，中间一根长横丝称为中丝，与之垂直的一根丝称为竖丝，与中丝平行的上下对称的两根短横丝称

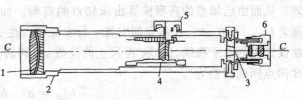

图 2-3 望远镜剖面图
1—物镜；2—物镜筒；3—十字丝分划板；4—调焦透镜；5—物镜对光螺旋；6—目镜

为上、下丝或视距丝。在水准测量时，用中丝在水准尺上进行前、后视读数，用以计算高差，用上、下丝在水准尺上读数，用以计算水准仪至水准尺的距离（视距）。

物镜和目镜采用多块透镜组合而成，调焦透镜由单块透镜或多块透镜组合而成。调节物镜对光螺旋即可使调焦透镜在望远镜筒内前后移动，从而将不同距离的目标清晰地成像在十字丝平面上。调节目镜对光螺旋可使十字丝像清晰，再通过目镜，便可看到同时放大了的十字丝和目标影像。望远镜的放大倍率一般不小于 28 倍。

通过物镜光心与十字丝交点的连线 CC 称为望远镜视准轴，视准轴即为视线，它是瞄准目标的依据。

由于物镜对光螺旋调焦不完善，可能使目标成像位置与十字丝分划板不完全重合，此时当观测者的眼睛在目镜端作上、下移动时，可观察到目标影像与十字丝作相对移动，这种现象称为视差。望远镜视差的存在，不利于精确地瞄准目标与读数，因此在观测中必须消除视差。其方法是：首先进行目镜调焦，使十字丝影像最清晰，再瞄准目标进行物镜调焦，使目标十分清晰，当观测者眼睛在目镜端作上下移动时，目标影像与十字丝没有相对移动，则表示视差已消除。

2. 水准器

水准器是用来指示视准轴是否水平或仪器竖轴是否竖直的装置，水准器可分为圆水准器和管水准器两种。

（1）圆水准器。如图 2-4 所示，圆水准器是顶面内壁为圆球面玻璃盒，盒内盛满酒精

和乙醚的混合液，加热后密封，待冷却后形成一个小气泡，顶面中心有一圆分划圈，其圆心为水准器的零点。过零点作球面的法线 $L'L'$，称为圆水准轴。圆水准器装在仪器基座上，当气泡居中时，表示仪器的竖轴处于铅垂位置。

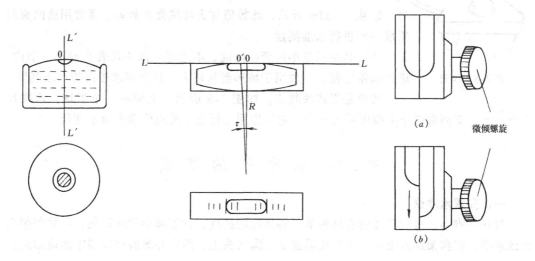

图 2-4　圆盒水准器　　　　图 2-5　管水准器　　　　图 2-6　符合水准气泡的呈像

（2）管水准器。如图 2-5 所示，管水准器为一玻璃管，内壁磨成弧形。玻璃管圆弧中点 O 称为水准管零点，通过零点 O 的圆弧切线 LL 称为水准管轴。零点两侧每隔 2mm 刻一分划线。当气泡的中点居零点处，表示水准管轴 LL 水平。若保持视准轴与水准管轴平行，则当气泡居中时，视准轴也位于水平位置。若水准管倾斜时，气泡必向高的一侧移动。水准管上两相邻分划线间的圆弧（弧长为 2mm）所对的圆心角 τ，称为水准管分划值，分划值越小，水准管的灵敏度也越高。DS_3 型微倾式水准仪的水准管分划值为 20″，记为 20″/2mm；圆水准器的分划值一般为 8′。

DS_3 型微倾式水准仪，在水准管上部装有一组棱镜，可将水准管气泡两端的影像折射到望远镜旁边的观察窗内，当气泡居中时，气泡两端的像将符合成一抛物线形，如图 2-6（a），说明水准管轴水平了；若气泡不符合，说明水准管轴倾斜了，如图 2-6（b），这时可旋转微倾螺旋，使气泡慢慢移向零点，直至完全符合为止。

3. 基座

基座是仪器的下部底座，呈三角形。下面有三个脚螺旋，用于整平仪器。脚螺旋之下为三角形底板，可用中心螺旋使其与三脚架联结在一起。

二、水准尺和尺垫

水准尺（如图 2-7 所示）是用不易变形且干燥的优质硬木或铝合金制成，长度从 2m 至 5m 不等，根据它们的构造，常用的水准尺可分为整体尺和塔尺两种。整体尺又有单面分划尺和双面（红黑面）分划尺。为便于读数，尺子通常以白色为底，刻上红或黑色刻划，每 10cm 为一区段，0～5cm 为套色 E，5～10cm 为底色 E，E 之箭头为整 10cm

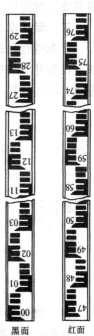

黑面　红面

图 2-7　水准尺

分划值的起点，每格刻划宽1cm。

双面水准尺两面均有刻划，一面为黑色刻划线，另一面为红色刻划线。黑面尺底面均由零开始，而红面尺，一根从4.687m开始，另一根从4.787m开始，此数值称为红黑面常数差。通常用这两根尺组成一对进行水准测量。

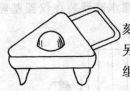

图2-8 尺垫

塔尺是由三节小尺套接而成，不用时上部小尺套在最下一节内。塔尺携带方便，一般用于地形起伏较大、精度要求较低的水准测量。

尺垫是用铸铁制成，如图2-8所示，上面有一个半球，水准尺立于其上。下面有三个尖脚可踩入土中，它的作用是标志立尺点位和支承水准尺。

第三节 水准仪的使用

一、安置水准仪

打开三脚架，按观测者的身高调节三脚架腿的高度，拧紧脚架伸缩螺旋，目估使架头大致水平，将脚架踩入土中，再将仪器置于三脚架头上，用中心螺旋将仪器牢固地固连在三脚架头上。

二、粗略整平

粗略整平的目的是使仪器的竖轴处于铅垂位置，它是通过调节三个脚螺旋使圆水准气泡居中。脚螺旋是顺时针方向升高，逆时针方向降低。整平时，气泡的移动方向与左手大拇指运动的方向一致。如图2-9，当气泡偏在左下方a处时，逆时针转1螺旋，降低1螺旋，顺时针转2螺旋，升高2螺旋，使气泡由a至a'，再顺时针转3螺旋，升高3螺旋，即可使气泡居中。

三、瞄准水准尺

首先进行目镜对光，即把望远镜对着明亮的背景，转动目镜对光螺旋，使十字丝清晰。再松开制动螺旋，转动望远镜，用望远镜镜筒上的照门和准星瞄准水准尺，拧紧制动螺旋；转动物镜对光螺旋进行对光，使目标清晰，再转动微动螺旋，使竖丝对准水准尺。

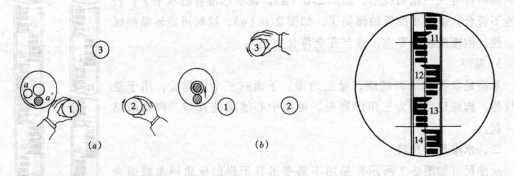

图2-9 粗略整平水准仪　　　　　　　　图2-10 标尺读数

四、精确整平与读数

从符合水准器观察孔中观察水准气泡，右手转动微倾螺旋，使水准气泡符合，即表明仪器视准轴已精确水平了，这时即可用十字丝中丝在尺上读数。如图2-10所示，标尺读数为1.259m。

第四节 水准测量的外业

一、水准点和水准路线

（一）水准点

在水准测量中，用以标志和保存水准测量成果的地面固定点，称为水准点。水准点有永久性和临时性两种。永久性水准点用混凝土预制而成，上面嵌入半球形金属标志，如图2-11（a），球形标志的顶点表示水准点的点位。临时性水准点可利用地面突出的岩石用红漆标记，也可用木桩打入地下，桩顶钉一半球形的铁钉，如图2-11（b）。

图2-11 水准测量标志

水准点应选在土质坚实、便于长期稳定保存和使用的地方。埋设之后用红油漆编号，号前常冠以字母 BM，并绘制点位略图，称为点之记，以备日后寻找使用。

（二）水准路线

将测区内已知高程的水准点与待测高程点，按一定的形式进行水准联测而形成的水准测量路线，叫做水准路线。根据测区的已有水准点情况和测量的需要，水准路线一般可布设成如下几种形式：

1. 附合水准路线

如图2-12（a），从已知水准点 A 出发，沿各个待定点 1、2 进行水准测量，最后附合到另一已知水准点 B 上，这种水准路线称为附合水准路线。

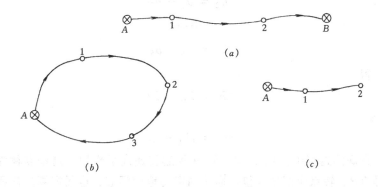

图2-12 水准测量路线形式

2. 闭合水准路线

如图2-12（b），从已知水准点 A 出发，沿环线上待定点 1、2、3 进行水准测量，最后回到原水准点 A 上，这种水准路线称为闭合水准路线。

3. 支水准路线

如图2-12（c），从已知水准点 A 出发，沿待定点 1、2 进行水准测量，既不附合到另外已知的水准点，也不回到原来的水准点，这种水准路线称为支水准路线。

二、水准测量的实施

当地面两点间的距离较长或地势起伏较大时，仅安置一次仪器不能直接测得两点间的高差。此时，可连续设站测量，将各测站高差累计，即可求得所需的高差值。

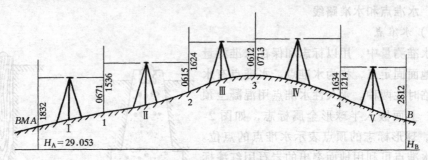

图2-13 水准测量略图

如图2-13，已知A点高程为29.053m，现拟测量B点的高程，其观测步骤如下：

在距A点约100m处选定转点1，在A、1两点上分别立水准尺。在距A和1等距离的Ⅰ处（称为测站）安置水准仪。粗平后瞄准A点水准尺，精平后读后视读数1832mm，记入表2-1观测点A的后视读数栏内。转动望远镜瞄准前视点1的水准尺，再次精平后，读取前视读数为0671mm，记入点1的前视读数栏内。后视读数减去前视读数为+1.161m，记入高差栏内。

点1的水准尺不动，把A点的水准尺移动到2点，仪器安置在1点和2点之间的Ⅱ处，同法进行观测、记录和计算，依次测到B点。

显然，每安置一次仪器，便可得一个高差，即

$$h_1 = a_1 - b_1$$
$$h_2 = a_2 - b_2$$
$$\cdots\cdots$$
$$h_5 = a_5 - b_5$$

将各式相加，得

$$\Sigma h = \Sigma a - \Sigma b \tag{2-3}$$

则B点高程为

$$H_B = H_A + \Sigma h \tag{2-4}$$

由上述可知，在观测过程中，点1、2、3、4仅起传递高程作用，这些点称为转点，常在前面冠以字母TP。转点应使用尺垫，但无固定的地面标志，也无需算出高程。从水准点A到待定点B称为一个测段。

三、水准测量的检核

为了避免水准测量成果中存在粗差，必须对水准测量成果进行检核。水准测量检核主要包括计算检核和精度检核。计算检核是检核计算有无错误；精度检核是检核成果质量是否合格。

（一）计算检核

由式（2-3）可知，A、B两点间的高差等于两点间各测站高差的代数和，也等于后

视读数之和减去前视读数之和。利用这种关系可以检核计算中出现的粗差。表2-1中

$$\Sigma h = +0.575 \text{m}$$

$$\Sigma a - \Sigma b = +0.575 \text{m}$$

两项相等，说明计算无误；如不等，说明计算有错，需要重算。

计算检核只能检查计算过程是否正确，但不能发现观测中的错误。

水准测量记录手簿　　　　　　　　　　　　　　表 2-1

名称 东山测区　　　　　观测者 袁家华　　　　　记录者 吴启舟
2001年8月28日　　　　　天气晴　　　　　　　　仪器编号 DS$_3$—002

测站	点号	读数		高差（m）		高程（m）	备注
		后视（a）	前视（b）	+	−		
Ⅰ	BMA	1832		1.161		29.053	
	TP1		0671				
Ⅱ	TP1	1536		0.921			
	TP2		0615				
Ⅲ	TP2	1624		1.012			
	TP3		0612				
Ⅳ	TP3	0713			0.921		
	TP4		1634				
Ⅴ	TP4	1214			1.598		
	B		2812			29.628	
Σ		6.919	6.344	3.094	2.519		
计算校核		$\Sigma a - \Sigma b = 0.575$		$\Sigma h = 0.575$			

（二）精度检核

精度检核可分为测站检核和路线检核。测站检核是为了检核某一测站的观测有无错误；路线检核是为了检核一条路线的水准观测是否存在明显的错误，以及评定水准测量成果是否符合要求。

1．测站检核

测站检核可采用双面尺法或改变仪器高法。

（1）双面尺法。是在同一测站上，读取双面水准尺的黑面和红面读数，求得两点间的红面和黑面高差，并进行下列检核：同一水准尺红面与黑面读数之差与尺常数的不符值不得超过 4mm，红面高差与黑面高差相差不得超过 6mm，若符合要求，则取两高差的平均值作为该测站的观测高差，否则应检查原因，重新观测。

（2）改变仪器高法。是在同一测站上，用两次不同的仪器高度，测出两点间的高差，即在第一次测定两点间高差之后，改变仪器高度约 10cm，再次测定该高差。若两次高差之差不超过 6mm，则取其平均值作为该站的观测高差，否则应检查原因，重新观测。

2．路线检核

（1）附合水准线路。从理论上说，附合水准路线上各点之间高差（各测段高差）的代数和应等于两个已知水准点间的高差。但由于存在测量误差，实测的高差不等于理论高

差，其差值称为水准路线高差闭合差，用 f_h 表示

$$f_h = \Sigma h - (H_{终} - H_{始}) \tag{2-5}$$

式中 h 为水准路线上各点间的高差；$H_{终}$ 为终点水准点高程；$H_{始}$ 为起始水准点高程。

为了保证精度，必须规定 f_h 的容许值，超过限值时，说明测量误差太大，必须检查原因，返工重测。普通水准测量高差闭合差的容许值为

$$\left. \begin{array}{l} 平地 \quad f_{h容} = \pm 40\sqrt{L} \text{ mm} \\ 山地 \quad f_{h容} = \pm 12\sqrt{n} \text{ mm} \end{array} \right\} \tag{2-6}$$

式中 L 为水准路线长度，以千米计；n 为水准路线上的测站数。

(2) 闭合水准路线。闭合水准路线各点之间高差的代数和应等于零。如不等于零，则产生了高差闭合差，即

$$f_h = \Sigma h \tag{2-7}$$

与附合水准路线一样，f_h 的大小也不应超过高差闭合差的容许值。

(3) 支水准路线。支水准路线必须通过往返测进行检核。从已知水准点测到待定点称为往测，再从待定点测回已知点称为返测。往返测高差的代数和应等于零，如不为零，则产生高差闭合差，即

$$f_h = \Sigma h_{往} + \Sigma h_{返} \tag{2-8}$$

f_h 的大小也不应超过式 (2-6) 的允许范围。

第五节 水准测量的内业计算

水准测量外业结束后，必须认真地检查观测手簿，核对抄录的已知点成果。经检核无误后，才能进行下述计算。

一、水准路线闭合差的计算

1. 计算各点间高差

如图 2-14 所示，先绘一水准路线略图。并注写路线的起点、终点名称及沿线各待求点的点号，标明观测的方向。然后根据观测手簿上的数据，计算出相邻点间的距离及高差，分别注写在路线的上方及下方。计算时，将这些距离和高差填写在计算表格的相应栏内（见表 2-2），再求出路线的总长度及总高差。其他的计算，便可在表格中进行。

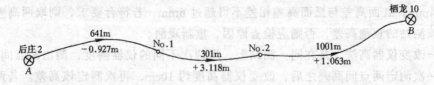

图 2-14 水准路线略图

2. 路线高差闭合差计算

根据水准路线的形式，分别选用公式 (2-5)、(2-7)、(2-8) 计算水准路线高差闭合

差。若高差闭合差不超过容许值，说明观测精度符合要求，可继续进行计算。

二、水准路线高差闭合差的调整

水准路线的高差闭合差，主要是由各测站的观测误差累积而成。路线中的测站数愈多，或路线愈长，则由误差的累积所形成的闭合差就愈大。所以，可按与距离或测站数成正比的原则将闭合差反号分配到各测段高差中，以消除闭合差。

各测段所分配的值，叫做高差改正数。各测段高差改正数的计算式为

$$v_{hi} = -\frac{f_h}{\Sigma D} \cdot D_i \tag{2-9}$$

或

$$v_{hi} = -\frac{f_h}{\Sigma n} \cdot n_i \tag{2-10}$$

式中 v_{hi} 为第 i 测段的高差改正数；D_i 为第 i 测段水准路线长度；ΣD 为水准路线总长度；n_i 为第 i 测段上的测站数；Σn 为水准路线的总测站数。

各测段高差改正数的总和，应与闭合差绝对值相等而符号相反。这便是改正数计算正确性的检核。各测段的高差加改正数后，便得到改正后的测段高差。

改正后的高差总和应等于理论值。

三、水准点的高程计算

用路线起始点的已知高程加改正后的高差，即得下一点的高程。然后逐点进行计算。如

$$H_{No.1} = H_{后庄2} + h_1 = 34.464 + (-0.936) = 33.528m$$
$$H_{No.2} = H_{No.1} + h_2 = 33.528 + 3.114 = 36.642m$$

最后还应推算出路线终点的高程，如推算出的路线终点的高程与其已知高程一致，说明计算正确，否则说明计算有错，需重新计算。

至于支线水准的高程计算，当往、返观测高差之差符合要求时，则取各测段往、返观测高差的平均值，作为各测段的高差值。然后从已知高程点开始，逐点推算待求点的高程。

图 2-14 中的水准路线计算见表 2-2。

高程误差配赋表　　　　　　　　　　　　　　　　　　表 2-2

计算者：丁炳兴　　　　　　　　　　　　　　　　　　　检查者：陈 平

点　号	距　离 (m)	平均高差 (m)	改正数 (mm)	改正后高差 (m)	点之高程 (m)	备　注
Ⅲ后庄 2					34.464	已知高程
	641	-0.927	-9	-0.936		
No.1					33.528	
	301	+3.118	-4	+3.114		
No.2					36.642	
	1001	+1.063	-14	+1.049		
Ⅳ栖龙 10					37.691	已知高程
Σ	1943	+3.254	-27	+3.227		
辅助计算	$h = 37.691 - 34.464 = +3.227m$ $f_h = 3.254 - 3.227 = +0.027m$ $f_{h容} = \pm 40\sqrt{L} = \pm 40\sqrt{1.94} = \pm 55mm$					

第六节　水准仪的检验和校正

一、水准仪应满足的条件

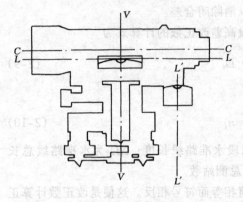

图 2-15　水准仪的轴线

如图 2-15 所示，水准仪的主要轴线有：视准轴 CC，水准管轴 LL，圆水准轴 $L'L'$，仪器竖轴 VV。

水准仪的作用是提供一条水平视线进行标尺读数，而水平视线是通过水准管气泡居中来实现的。因此水准仪必须满足水准管轴平行于视准轴这一首要条件。其次，为了能够用微倾螺旋精确整平，要求仪器竖轴应处于铅垂位置，这一要求是由圆水准器气泡居中来实现的。所以又要求水准仪必须满足圆水准轴平行于竖轴这一条件。另外，还要求十字丝中丝与竖轴垂直，这样，就可以用中丝代替十字丝交点进行读数，给观测带来方便。因此，水准仪应满足以下条件：

（1）圆水准轴平行于仪器的竖轴（$L'L' /\!/ VV$）；

（2）十字丝中丝垂直于仪器的竖轴（即中丝应水平）；

（3）水准管轴平行于视准轴（$LL /\!/ CC$）。

二、水准仪的检验与校正

水准仪应满足的以上各项条件，在仪器出厂时已经过检验与校正而得到满足，但由于仪器在长期使用和运输过程中受到振动和碰撞等原因，使各轴线之间的关系发生变化，若不及时检验和校正，将会影响测量成果的质量，所以在水准测量之前，应对水准仪进行认真的检验和校正。水准仪一般检校以下三项：

（一）圆水准轴应平行于仪器竖轴的检验校正

1. 检验

如图 2-16 所示，用脚螺旋使圆水准器气泡居中，此时圆水准轴 $L'L'$ 处于铅垂方向。如果仪器竖轴 VV 与 $L'L'$ 不平行，其交角为 α，则竖轴 VV 倾斜了一个 α 角。当仪器绕

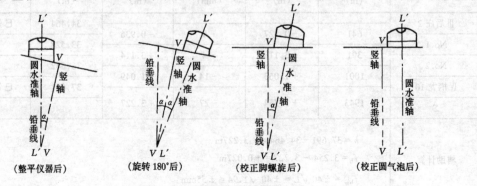

图 2-16　圆水准器的检校原理

倾斜的竖轴旋转 180°后，竖轴仍处于倾斜 α 角的位置，圆水准轴转到了竖轴的另一侧，虽然圆水准轴 $L'L'$ 与竖轴 VV 的夹角 α 不变，但圆水准轴 $L'L'$ 相对于铅垂方向就倾斜了 $2α$ 角，显然气泡不再居中，而气泡中心偏离零点的弧长所对的圆心角则为 $2α$。这说明圆水准器轴 $L'L'$ 与竖轴 VV 不平行，需要校正。

2. 校正

因为仪器竖轴相对于铅垂方向仅倾斜 α 角，所以校正时只要调整脚螺旋使气泡向零点移动气泡偏离量的一半，即可使竖轴处于铅垂位置。然后用校正针先稍松动一下圆水准器底下的连接螺丝（如图 2-17），再分别拨动三个校正螺丝，使气泡居中。校正完毕后，应将连接螺丝旋紧。

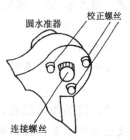

图 2-17 圆水准器校正螺丝

（二）十字丝中丝垂直于仪器竖轴的检验校正

1. 检验

整平仪器后，使十字丝中心对准固定物体上的一点。旋紧制动螺旋后，转动微动螺旋，从望远镜中观察中丝移动时该点是否始终在中丝上。若中丝始终通过该点，表明条件满足。否则，应进行校正。

2. 校正

旋下望远镜镜筒上的十字丝校正螺丝护盖，再旋松十字丝环上相邻的两个校正螺丝。转动十字丝环，使照准点落在水平丝一端上。再重复检验，直到中丝始终通过照准点为止。然后将校正螺丝拧紧，盖好护盖。

（三）视准轴应平行于管水准轴的检验与校正（i 角的检校）

此项条件是水准测量的基础，若能满足，就能够保证仪器精确整平后的视线处于水平位置。若不满足，视准轴与管水准轴偏差了一个小角 i，称为 i 角误差。

i 角的检校方法较多，但其检校的基本原理是一致的。即将仪器安置在不同的位置上，分别测定两固定点间的高差来确定 i 角。若两次求得的高差相等，则 i 角为零；两次高差不相等，则需计算出 i 角。若超过限差，应进行校正。

下面介绍一种适合于 DS_3 型水准仪检校的简便方法。

1. 检验

如图 2-18 所示，在较平坦的地面上选择相距约 80m 的 A、B 两点，并用木桩或尺垫作标志。将水准仪安置在 A、B 间的中点 O 处，精确整平仪器后，读取 A、B 点标尺读数分别为 a_1 和 b_1。从图中可以看出，因前后视距相等，所以 i 角对后、前视读数的影响相同（$x_1 = x_2$），故 A、B 两点的正确高差仍为

$$h_{AB} = (a_1 - x_1) - (b_1 - x_2)$$
$$= a_1 - b_1 \quad (2-11)$$

将水准仪移至靠近 B 点处（约距 B 点 2~3m），精确整平仪器后，读取 B 尺读数为 b_2，A 尺读数为 a_2，则 A、B 间的高差为

$$h'_{AB} = a_2 - b_2 \quad (2-12)$$

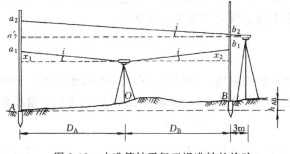

图 2-18 水准管轴平行于视准轴的检验

若 $h'_{AB} = h_{AB}$，则表明水准管轴平行于视准轴。若 $h'_{AB} \neq h_{AB}$，说明水准仪存在 i 角误差。因仪器离 B 点很近，i 角误差对 b_2 的影响可以忽略不计，所以可按下式计算 i 角

$$i'' = \frac{h'_{AB} - h_{AB}}{D_{AB}} \cdot \rho'' \tag{2-13}$$

如果 i 角大于 20″，则需要进行校正。
式中 $\rho'' = 206265''$。

2. 校正

校正时，仪器不动，先计算视线水平时 A 尺上的正确读数 a'_2，即

$$a'_2 = b_2 + h_{AB} = b_2 + (a_1 - b_1) \tag{2-14}$$

然后转动微倾螺旋，使水平丝切于正确读数 a'_2 处，此时符合水准气泡不再居中，但视线已处于水平位置，可用校正针拨动管水准器的上、下校正螺丝，使符合水准器气泡严密居中。此时水准管轴也处于水平位置，满足水准管轴平行于视准轴的要求。这项检校也要反复进行，直到符合要求为止。

例如：仪器位于 A、B 尺中间，距 A、B 的距离为 40m，读得 A 尺读数 $a_1 = 1.321$m，B 尺读数 $b_1 = 1.117$m，则

$$h_{AB} = a_1 - b_1 = 0.204\text{m}$$

仪器搬至 B 点附近时，又读得 A 尺上读数 $a_2 = 1.695$m，B 尺读数 $b_2 = 1.466$m，此时可得 A、B 点间高差为

$$h'_{AB} = a_2 - b_2 = 0.229\text{m}$$

$h'_{AB} \neq h_{AB}$，说明水准仪存在 i 角误差

$$i'' = \frac{h'_{AB} - h_{AB}}{D_{AB}} \cdot \rho'' = \frac{0.204 - 0.229}{80} \times 206265'' = -64''$$

由此可以看出，当管水准器居中时，水准仪视准轴向下倾斜了 64″。校正时，转动微倾螺旋，使水平丝切于正确读数 $a'_2 = b_2 + h_{AB} = 1.466 + 0.204 = 1.670$m，再用校正针使管水准器居中。

第七节 水准测量误差及注意事项

任何测量工作都会不可避免地产生误差。产生这些误差的原因包括仪器误差、观测误差及外界因素影响三类。下面简单介绍水准测量误差种类及注意事项。

一、仪器误差

1. 水准仪校正后的残余误差

由于仪器检验与校正不完善以及其他方面的影响，使仪器尚存在一些残余误差，其中最主要的是水准管轴不平行于视准轴的误差（i 角误差）。如图 2-18 所示，这个 i 角残余误差对高差的影响为

$$\Delta h = x_1 - x_2 = \frac{i''}{\rho''}(D_A - D_B) \tag{2-15}$$

式中 $(D_A - D_B)$ 为前后视距之差；x_1、x_2 为 i 角残余误差对读数的影响。

若使前后距离相等，就可以抵消 i 角残余误差对高差的影响。对一条水准路线而言，也应保持前视距离总和与后视距离总和相等，同样也可抵消 i 角残余误差对高差总和的影响。所以在普通水准测量中规定：同一测站前后视距之差不应大于 10m，前后视距差的累计数不能超过 50m。

2．水准标尺误差

由于水准尺尺底不为零或两根标尺底部刻划不相等（零点差），水准尺刻划不准确、尺长变化、弯曲等，影响水准测量的精度。因此，水准尺须经过检验后才能使用。至于尺的零点差，可采用在每一水准测段中使测站数为偶数的方法予以消除。

二、观测误差

1．水准尺读数误差

水准尺读数误差是由观测者瞄准误差、符合水准器气泡居中误差以及估读误差等综合影响所致，这是一项不可避免的偶然误差。对 DS_3 型水准仪来说，一般当视距为 100m 时，此项误差可达 $\pm 2mm$，因此观测者应认真读数与操作，选择在成像清晰、稳定的条件下观测，以尽量减少此项误差的影响。

2．水准标尺倾斜误差

根据水准测量原理，水准尺必须竖直立在点上，否则总会使水准尺上读数增大。这种影响随着视线的抬高（即读数的增大），其影响也随之增大。如图 2-19，当标尺倾斜 α 角时，水平视线读数 a' 与标尺竖直时的读数 a 之间的差值为

$$\Delta a = a' - a = a'(1 - \cos\alpha) \qquad (2-16)$$

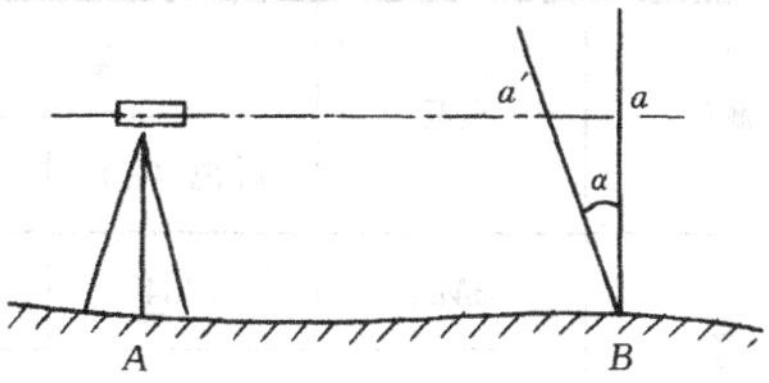

图 2-19　水准尺倾斜误差

当 $\alpha = 2°$、$a = 3m$ 时，$\Delta a \approx 2mm$，因此在测量时，应尽量将标尺扶直，或者在水准标尺上安装圆盒水准器，测量时使水准器气泡居中，以控制标尺倾斜对高差的影响。

三、外界因素影响

1．大气折光差和地球弯曲差的影响

如图 2-20 所示，由于大气层密度不均匀而使视线向地面弯曲，从而使水准标尺读数减小，这种误差称为大气折光差。地球弯曲差是由于用水平面代替了水准面而产生的误差，它使水准标尺读数增大。大气折光差和地球弯曲差对水准测量的影响类似于 i 角误差

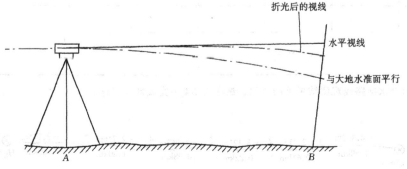

图 2-20　大气折光差和地球弯曲差的影响

的影响，前后视距相等时，基本上可以消除其对高差的影响。

2. 温度和风力的影响

当大气温度变化或日光直射水准仪时，由于仪器受热不均匀，会影响仪器轴线间的正常几何关系，如水准仪气泡偏离中心或三脚架扭转等现象。所以在水准测量时，水准仪在阳光下应打伞防晒，风力较大时应暂停水准测量作业。

思考题与习题

1. 试述水准测量原理。
2. 试述 DS_3 水准仪各组成部分的名称、作用。
3. 水准仪上的圆水准器和管水准器作用有何不同？
4. 试述图根水准路线的敷设形式。
5. 试述水准测量在一个测站上的工作。
6. 后视点 A 的高程为 18.516m，后视标尺读数为 1.345m，前视点 B 的标尺读数为 1.587m，问 B 点比 A 点高还是低？A、B 两点高差是多少？B 点高程是多少？
7. DS_3 型水准仪有哪几条主要轴线？它们之间应满足哪些几何条件？哪一条几何条件最主要？
8. 计算表 2-3 中水准测量观测高差及 B 点高程。

水准测量记录计算　　　　　　　　　表 2-3

测站	点号	读数		高差 (m)		高程 (m)	备 注
		后视 (a)	前视 (b)	+	−		
Ⅰ	BMA	1764				4.899	已知高程
	TP1		0897				
Ⅱ	TP1	1897					
	TP2		0935				
Ⅲ	TP2	1126					
	TP3		1765				
Ⅳ	TP3	1612					
	B		0711				
	Σ						
计算校核		$\Sigma a - \Sigma b =$		$\Sigma h =$			

9. 某附合水准路线观测结果见图 2-21，试在表 2-4 中完成计算工作。

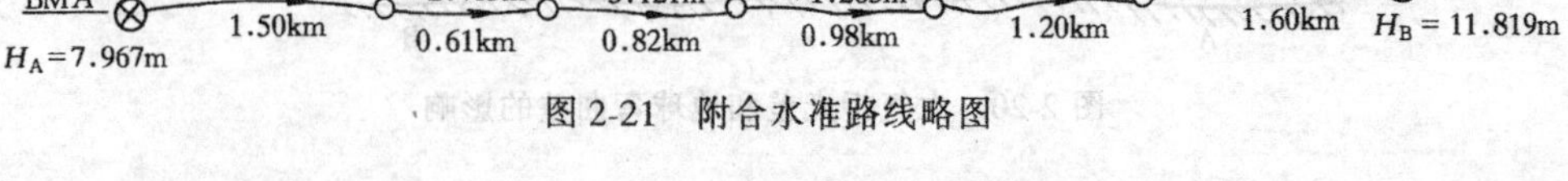

BMA ⊗ —+4.362m / 1.50km— 1 —+2.413m / 0.61km— 2 —−3.121m / 0.82km— 3 —+1.263m / 0.98km— 4 —+2.716m / 1.20km— 5 —−3.715m / 1.60km— ⊗ BMB
$H_A = 7.967$m　　　　　　　　　　　　　　　　　　　　　　　　　　　　　$H_B = 11.819$m

图 2-21　附合水准路线略图

高 程 误 差 配 赋 表　　　　　　　　　　　　　　　　　　　表 2-4

点　号	距　离 (m)	平均高差 (m)	改正数 (mm)	改正后高差 (m)	点之高程 (m)	备　注
辅助计算						

10. 图 2-22 所示的闭合水准路线，图上注明各测段观测高差及相应水准路线测站数，试计算改正后各点高程。

11. 安置水准仪在 A、B 两固定点的中点处，已知 A、B 两点相距 80m，A 尺读数 $a_1 = 1.367$m，B 尺上读数 $b_1 = 1.108$m，然后搬水准仪至 B 点附近，又读 A 尺上读数 $a_2 = 1.685$m，B 尺上读数 $b_2 = 1.405$m。问：水准管轴是否平行于视准轴？如果不平行，则当水准管气泡居中时，视准轴是向上倾斜还是向下倾斜？i 角值是多少？如何进行校正？

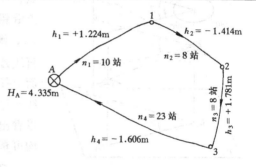

图 2-22　闭合水准路线略图

第三章 角 度 测 量

角度测量是确定地面点位置的基本测量工作之一，经纬仪是角度测量的主要仪器。角度测量分为水平角测量和竖直角测量。测量水平角是为了求算地面点的平面位置，测量竖直角是为了求得地面点间的高差或将倾斜距离化算为水平距离。

第一节 角度测量原理

一、水平角及其测量原理

水平角并不是地面上两相交直线在空间的夹角，而是测站点至两目标方向线夹角在水平面上的投影。

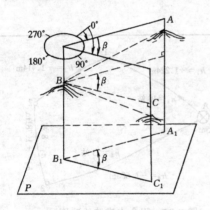

图 3-1 水平角测量原理

如图 3-1，A、B、C 是地面上不同高度的三个点，BA、BC 是两条相交直线，将 A、B、C 三个点沿铅垂方向投影到水平面 P 上，得到 A_1、B_1、C_1，则水平线 A_1B_1 与 B_1C_1 的夹角 β 即为地面上直线 AB、BC 间的水平角。从图上还可以看出，地面上任意两相交直线间的水平角，就是通过该两直线所作的两竖直面间的两面角。另外，由图 3-1 可以看出，这两面角在两竖直面的交线 BB_1 上任一点均可量度，量度出的角值都是相等的。

为了测定水平角的大小，可在两竖直面交线 BB_1 上任一位置安置一个圆形的刻度盘，刻度盘的中心一定要和 B 点在同一铅垂方向上，并且使度盘放置水平，那么这个水平角的大小，就可以由刻度盘上两相应方向的读数之差求得。

有了水平放置的度盘，还要有能上下、左右旋转的照准设备去瞄准目标 A、C，还要有能在度盘上读出数值的设备。有了这个设备，就可以读出 BA、BC 方向在度盘上的读数 a、c，称为方向值，则水平角就是两个方向的方向值之差

$$\beta = c - a \quad (3-1)$$

从这里可以看出，刻度盘一经放置妥当，在观测过程中是固定不动的，如果刻度盘也随照准设备、读数指标线一起转动，就不能测出水平角了。

二、竖直角及其测量原理

在同一竖直面中，地面某点至目标的方向

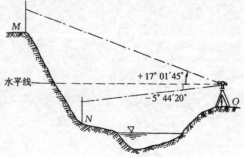

图 3-2 竖直角测量原理

线与水平视线的夹角称为竖直角，也称倾角。如图3-2所示，若目标在水平视线之上，叫做仰角，竖直角符号为正（＋）；若在水平线之下，叫做俯角，竖直角符号为负（－）。竖直角的取值范围是$0°\sim\pm90°$。

为了测量竖直角，在望远镜旋转轴的一端固定一个与旋转轴正交的竖直度盘，并使其刻划中心设在旋转轴上，竖直度盘随望远镜上下转动而转动。在仪器结构设计上，使望远镜视线在水平位置时，竖盘读数为一固定值（例如90°），则当望远镜瞄准目标时，读取竖直度盘读数，就可以计算出竖直角。

经纬仪就是按上述测角原理设计制造的一种测角仪器。

第二节 DJ_6型光学经纬仪

一、经纬仪概述

我国光学经纬仪按精度等级划分为DJ_{07}、DJ_1、DJ_2、及DJ_6等几种。其中DJ_{07}、DJ_1属于高精度经纬仪，DJ_2属中等精度经纬仪，DJ_6属一般精度经纬仪。D、J分别是"大地测量"、"经纬仪"两词的汉语拼音的第一个字母，下标表示这种仪器的能达到的精度指标。例如DJ_1和DJ_6两种仪器在水平方向测量一测回的方向值中误差不超过±1″和±6″，所以下标的数字越小，仪器精度越高。尽管仪器的精度等级或生产厂家不同，但它们的基本结构是大致相同的。本章介绍在工程测量中最常用的DJ_6型光学经纬仪的构造和使用。

二、DJ_6光学经纬仪的构造

各种型号的DJ_6型光学经纬仪都由照准部、水平度盘和基座三部分组成，如图3-3所示。

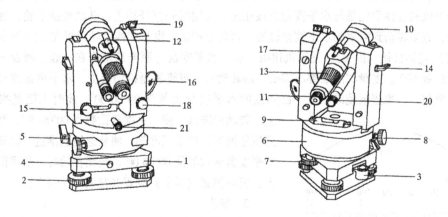

图 3-3 DJ_6型光学经纬仪

1—基座；2—脚螺旋；3—圆水准器；4—轴套制动螺旋；5—水平方向制动扳手；6—水平度盘外罩；7—水平度盘变换手轮；8—水平方向微动螺旋；9—照准部水准管；10—物镜；11—目镜调焦螺旋；12—粗瞄器；13—物镜调焦螺旋；14—望远镜制动扳手；15—望远镜微动螺旋；16—反光照明镜；17—竖直度盘外罩；18—竖直度盘水准管微动螺旋；19—竖直度盘水准管反光镜；20—度盘读数显微镜；21—光学对中器

1．照准部

照准部主要由望远镜、照准部水准管、竖直度盘、读数设备及仪器支架等组成。

望远镜由物镜、目镜、十字丝分划板及调焦透镜组成，其作用与水准仪的望远镜相同。望远镜的旋转轴称为横轴。望远镜通过横轴安装在支架上，通过调节望远镜制动螺旋和微动螺旋使它绕横轴在竖直面内上下转动。

照准部水准管用来精确整平仪器使水平度盘处于水平位置，同时也使仪器竖轴处于铅垂位置。

竖直度盘固定在横轴的一端，随望远镜一起转动，与竖盘配套的有竖盘水准管和竖盘水准管微动螺旋。仪器整平后，调节竖盘水准管微动螺旋使竖盘水准管居中，竖盘读数指标即处于正确的位置。

在照准部的读数设备中，通过一组棱镜和透镜反射和折射后，将水平度盘和竖直度盘上的分划线成像在望远镜旁的读数显微镜内，利用光学测微器进行读数。

照准部的旋转轴称为竖轴，竖轴插入基座内的竖轴套中。为了控制照准部的旋转，便于照准目标，在其下部设有照准部水平制动螺旋和微动螺旋。

2．水平度盘

水平度盘是由光学玻璃制成的圆环，圆环上刻有从 0°～360°的等间隔分划线，并按顺时针方向加以注记。两相邻分划间的弧长所对圆心角，称为度盘格值。

水平度盘通过外轴装在基座中心的套轴内，并用卡簧片和锁紧螺旋使之固紧。当照准部转动时，水平度盘并不随之转动。当望远镜瞄准某一目标后，若需要将水平度盘安置在某一读数的位置，可拨动专门的机件。DJ_6型光学经纬仪变动水平度盘位置的机件有以下两种形式：

（1）度盘变换手轮：先按下度盘变换手轮下的保险手柄，将手轮推压进去并转动，就可将水平度盘转到需要的读数位置上，此时，将手松开，手轮退出，注意把保险手柄倒回。有的经纬仪的变换手轮是与水平度盘直接相连，使用时先打开护盖，转动变换手轮，度盘即随之转动，直至转动到需要的水平度盘位置，再盖上护盖。度盘变换手轮设置在方向经纬仪上。

（2）复测机钮（扳手）：复测机钮扳下后，水平度盘与照准部结合在一起，两者一起转动时度盘读数不变。度盘与照准部不需要一起转动时，可将复测机钮扳上，水平度盘就与照准部脱开。例如，要求望远镜瞄准某一已知点时水平度盘读数为 00°00′00″，此时先把复测机钮扳上，转动照准部，使水平度盘读数为 00°00′00″，然后把复测机钮扳下，转动照准部，将望远镜瞄准这一已知点，其水平度盘读数就是 00°00′00″。观测开始时，复测机钮应扳上。复测机钮（扳手）设置在复测经纬仪上。

3．基座

基座是支承整个仪器的底座，借助基座的中心螺母和三脚架上的中心连结螺旋，可将仪器与三脚架固连在一起。基座上有三个脚螺旋，用来整平仪器。照准部是通过基座上的轴套制动螺旋固定在基座上的，松开该螺旋，可将仪器从基座中提出，便于开展某些特殊要求的测量作业。

三、经纬仪读数方法

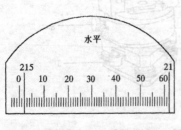

图 3-4 分微尺读数

DJ_6型光学经纬仪的读数装置大都采用分微尺读

数装置。水平度盘格值为1°，分微尺是按度盘上1°弧长的影像的宽度等分成60格，每一小格的格值相当于度盘上的1′。读数时，先读出在分微尺上的度盘刻划线的度数，然后再依此度盘刻划线，在分微尺上读取分、秒数，直读到1′，估读到0.1′（即6″）。

图3-4所示是读数显微镜视窗中所见到的度盘刻划线和分微尺影像。水平度盘读数为215°02′00″，竖直度盘读数为95°56′24″。

第三节　水平角观测

一、经纬仪的对中、整平与瞄准

用经纬仪观测角度时，首先必须整置仪器，即按照水平角观测原理，使仪器处于正确位置。整置包括对中、整平两项工作。

1. 对中

对中的目的是使水平度盘中心与测站点在同一铅垂线上。

进行对中时，先撑开脚架架在测站点上方，使架头大致水平。将中心螺旋移至架头中央，挂上垂球，并移动脚架，使垂球尖端大致对准地面标志，踩紧脚架（同时要注意保持架头大致水平）。接着装上仪器，此时中心螺旋不要拧紧，然后在架头上移动仪器，使垂球尖准确对准地面点标志，最后拧紧中心螺旋。用垂球对中时，悬挂垂球的线长要调节合适，对中误差一般可小于3mm。但在有风天气，使用垂球较困难，应使用光学对点器对中。

用光学对点器对中的操作方法如下：先安置脚架，使架头大致呈水平且中心大致位于过地面点的铅垂线上，脚尖插入地面踩紧。置仪器于架头上并拧紧中心螺旋。调节光学对点器，使视窗中的对点标记与地面点影像清晰。转动脚螺旋，使地面点影像与对点标记重合。然后伸缩架腿使圆水准器气泡居中。如果此时地面点影像偏离对点标记较微小时，可稍微放松中心螺旋，在架头上慢慢平行移动仪器，使地面点影像与对点器标记重合，再拧紧中心螺旋。如果地面点影像与对点标记偏差较大，还需转动脚螺旋对点，伸缩架腿使圆水准器气泡居中，如此反复操作，直至满足整置要求为止。

2. 整平

整平的目的是使水平度盘水平、竖直轴竖直、横轴水平。

首先使照准部水准器与任意两个脚螺旋的连线平行，相对转动这两个脚螺旋使气泡居中，如图3-5（a）。再将照准部转动90°，使管水准器与前两个脚螺旋的连线垂直，转动第三个脚螺旋使气泡居中，如图3-5（b）所示。如此反复进行，直至照准部转到任意位

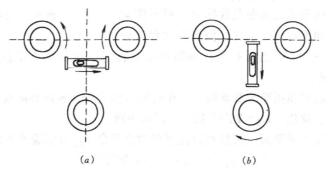

图3-5　经纬仪的整平

置时,气泡偏离中央不超过1格为止。用脚螺旋整平仪器时,可掌握以下规律:气泡的运动方向是与左手大拇指运动方向一致的。

整平时应注意:三个脚螺旋高低不应相差太大,如脚螺旋因高低相差太大而转动不灵,或已旋到极限而气泡尚未居中时,不得再用力转动,应将三个脚螺旋调回到中部位置,再搬动架腿,重新调整使架头水平,再次对中、整平。用两个脚螺旋使平行于脚螺旋连线方向的管水准器气泡居中,再转动仪器90°后,只能旋动第三个脚螺旋使气泡居中,不能再旋转前两个脚螺旋。

3. 瞄准目标

先松开望远镜制动螺旋和水平微动螺旋,将望远镜对准天空,调节目镜调焦螺旋,使十字丝影像清晰,并清除视差。然后用望远镜上的粗瞄装置瞄准目标,旋紧望远镜制动螺旋。转动物镜调焦螺旋,使目标成像清晰,最后用望远镜微动螺旋和水平微

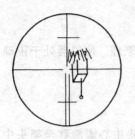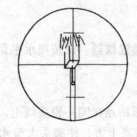

图 3-6 瞄准目标

动螺旋精确照准目标。照准目标时应尽量瞄准目标底部,使十字丝的竖丝平分目标,或用十字丝双丝夹准目标,如图 3-6 所示。

二、水平角观测方法

水平角观测的方法,一般根据观测目标的多少和观测精度的要求而定,最常用的水平角观测方法有测回法和方向观测法。

1. 测回法

测回法是测角的基本方法,用于两个目标方向之间的水平角观测。

如图 3-7 所示,设 O 为测站点,A、B 为观测目标,用测回法观测 OA 与 OB 两个方向之间的水平角 β。具体观测步骤如下:

(1) 在 A、B 两点竖立标杆或插上测钎,在 O 点整置经纬仪。

(2) 将竖直度盘位于观测者的左侧(称为盘左位置,或称正镜),松开望远镜和照准部的制动螺旋,旋转照准部使望远镜瞄准左目标 A。打开度盘变换器护盖,转动度盘变换手轮,使水平度盘读数

图 3-7 水平角观测

略大于 0°(约 2′~3′)后盖好护盖。重新照准目标 A,读取水平度盘读数($L_A = 0°02′24″$),并记入手簿。

(3) 松开望远镜和照准部制动螺旋,顺时针方向旋转照准部并瞄准右目标 B。如同上述方法精确瞄准、读数($L_B = 76°14′12″$),记入手簿。

以上两步叫做上半测回。其盘左位置测得的水平角 $\beta_左$ 可以通过下式算出

$$\beta_左 = L_B - L_A = 76°11′48″$$

(4) 纵转望远镜使仪器成盘右位置(也叫倒镜),先瞄准右目标 B,读取水平度盘读

数（$R_B=256°14'24''$）；再逆时针旋转照准部，瞄准左目标 A，读取水平度盘读数（$R_A=180°02'30''$）。

以上观测称为下半测回。其盘右位置的水平角 $\beta_右$ 可以通过下式算出

$$\beta_右 = R_B - R_A = 76°11'54''$$

上半测回和下半测回合在一起，作为一测回，测得的角值互差若不超限，可取两个半测回角值的平均值作为一测回的角值 β，即

$$\beta = \frac{1}{2}(\beta_左 + \beta_右)$$

当测角精度要求较高，需要对一个角度观测若干个测回时。为了减弱度盘分划不均匀误差的影响，从第二测回起，起始方向 A 的水平度盘读数应根据测回数依次改变 $180°/n$（n 为测回数）。例如某角要求观测两个测回，第一测回的度盘起始读数安置在略大于 $0°$ 处，第二测回的起始读数应安置在略大于 $90°$ 处。

表 3-1 为测回法观测水平角记录，在记录计算中应注意由于水平度盘是顺时针刻划和注记的，故计算水平角时总是以右目标的读数减左目标的读数，如遇到不够减的情况，则应在右目标的读数上加 $360°$，再减去左目标的读数，决不可倒过来减。

测回法观测的误差有两项限定：1）上、下两个半测回角值之差；2）各测回角值互差。由于使用的经纬仪精度有差别，其限差也相应不同。DJ_6 型光学经纬仪，上、下半测回角值之差应不大于 $\pm 35''$，各测回角值互差不大于 $\pm 25''$。

在计算一测回角值或各测回平均角值时，只需取到秒位。平均数如出现小数时，按"奇进偶不进"的原则处理。例如 $55/2=27.5$ 和 $57/2=28.5$，前者小数点前为奇数，后者为偶数，所以平均值均应取 28。这一原则也适用于其他的测量记录计算。

测回法观测水平角记录手簿　　　　　　　　　　　表 3-1

观测日期 6 月 21 日　　　　　天气晴　　　　　观测者 袁亮
仪器 DJ_6 75050　　　　　　　通视良好　　　　记录者 吴启舟

测站	目标	竖盘位置	水平度盘读数 (° ′ ″)	半测回角值 (° ′ ″)	一测回平均角值 (° ′ ″)	各测回平均角值	备注
1	2	3	4	5	6	7	8
		左	(1)	(5)=(2)-(1)	(7)=1/2[(5)+(6)]		
			(2)				
		右	(4)	(6)=(3)-(4)			
			(3)				
O	A	左	0　02　24	76　11　48			
	B		76　14　12		76　11　51		
	A	右	180　02　30	76　11　54			
	B		256　14　24				

2. 方向观测法

方向观测法又称全圆方向观测法，用于两个以上目标的水平角观测。如图 3-8，设 O 为测站点，要观测 1、2、3、4 四个方向，以测定各方向之间的水平角 β_1、β_2、β_3、β_4 等。

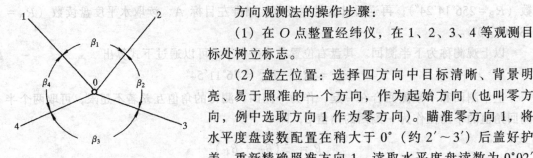

图 3-8 全圆方向观测

方向观测法的操作步骤：

(1) 在 O 点整置经纬仪，在 1、2、3、4 等观测目标处树立标志。

(2) 盘左位置：选择四方向中目标清晰、背景明亮、易于照准的一个方向，作为起始方向（也叫零方向，例中选取方向 1 作为零方向）。瞄准零方向 1，将水平度盘读数配置在稍大于 0°（约 2′~3′）后盖好护盖，重新精确照准方向 1，读取水平度盘读数为 0°02′18″，记入表 3-2 第 2 栏的 (1) 处。

松开照准部水平制动螺旋，按顺时针方向依次观测 2、3、4 各方向，并将观测结果记入表 3-2 中第 2 栏 (2)、(3)、(4) 处。为了检查观测过程中度盘位置有无变动，最后再观测零方向 1，称为上半测回归零，其水平度盘读数为 0°02′24″，记入表 3-2 第 2 栏 (5) 处，完成上半测回观测。

(3) 盘右位置：先瞄准零方向 1，读取水平度盘读数为 180°02′24″，再按逆时针方向依次瞄准 4、3、2 各目标方向，分别读取水平度盘读数，由下向上记入表 3-2 第 3 栏 (8)、(9)、(10)、(11) 处，同样再瞄准零方向 1，称为下半测回归零，其水平度盘读数为 180°02′24″，记入表 3-2 中 (12) 处，完成下半测回观测。

上、下半测回合称一测回。为了提高精度，有时需要观测 n 个测回时，各测回间零方向水平度盘读数仍应变换 $\frac{180°}{n}$。

表 3-2 是 4 个方向、两个测回的方向观测法记录，零方向为"长山"，记录计算和限差说明如下：

(1) 上、下半测回归零差计算两次瞄准零方向的读数之差，称为归零差。归零差记录在表 3-2 中 (6)、(13) 处。表中第一测回上、下半测回的归零差分别为 6″和 0″。DJ$_6$ 型经纬仪观测，通常归零差的限差为 ±25″，如归零差不超限，则取半测回中零方向两次读数的中数作为该半测回的零方向平均值，将其尾数记录在表 3-2 中的 (7)、(14) 处，并加上小括号。

(2) 半测回方向值计算将各方向的读数减去零方向平均值，即得各方向半测回方向值（也称归零方向值）。上半测回方向值记入表中 (15)、(16)、(18)、(20) 处，下半测回方向值记入表中 (15)、(17)、(19)、(21) 处。

(3) 一测回方向值计算 DJ$_6$ 型经纬仪观测，同一方向上、下半测回方向值较差（称为半测回方向差）不大于 ±35″时，取其平均值作为该方向一测回方向值，记入表 3-2 第 5 栏 (22)、(23)、(24)、(25) 处。

(4) 各测回方向值计算各测回方向值较差（称为各测回方向差）不大于 ±25″时，取其平均值作为该方向各测回方向值，记入表 3-2 第 6 栏中第一测回的后面。

三、水平角观测注意事项

(1) 仪器高度要和观测者的身高相适应；三脚架要踩实，仪器与脚架连接要牢固；操作仪器时不要用手扶三脚架，使用各种螺旋时用力要轻。

(2) 要精确对中，特别是对短边测角时，对中要求应更严格。

(3) 当观测目标间高低相差较大时，应特别注意仪器整平。

水平方向观测记录　　　　　　　表 3-2

观测日期 <u>9</u> 月 <u>8</u> 日　　　观测方向略图　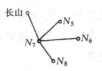　　观测者 <u>袁 亮</u>　天气 <u>晴</u>
开始时刻 <u>7</u> 时 <u>30</u> 分　　　　　　　　　　　　　　　　　记录者 <u>吴启舟</u>　通视 <u>良好</u>
结束时刻 <u>7</u> 时 <u>50</u> 分　　　　　　　　　　　　　　　　　测站 <u>N_7</u>　仪器 <u>J675050</u>

观测点	读　数		半测回方向值	一测回方向值	各测回平均方向值
	盘　左	盘　右			
1	2	3	4	5	6
第　测回	(7)=[(5)+(1)]/2	(14)=[(8)+(12)]/2			
1.	(1)	(12)	(15)0	(22)0	
2.	(2)	(11)	(16)=(2)−(7)	(23)=[(16)+(17)]/2	
			(17)=(11)−(14)		
3.	(3)	(10)	(18)=(3)−(7)	(24)=[(18)+(19)]/2	
			(19)=(10)−(14)		
4.	(4)	(9)	(20)=(4)−(7)	(25)=[(20)+(21)]/2	
			(21)=(9)−(14)		
1.	(5)	(8)			
	(6)=(5)−(1)	(13)=(8)−(12)			
第一测回	(21)	(24)			
1. 长山	0°02′18″	180°02′24″	0°00′00″	0°00′00″	0°00′00″
2. N_5	60 23 30	240 23 30	60 21 09	60 21 08	60 21 11
			06		
3. N_6	107 19 24	287 19 18	107 17 03	107 16 58	107 17 04
			16 54		
4. N_8	189 36 12	09 36 06	189 33 51	189 33 46	189 33 49
			42		
1. 长山	00 02 24	180 02 24			
	Δ左 6	Δ右 0			
第二测回	(36)	(33)			
1. 长山	90 07 36	270 07 30	0 00 00	0 00 00	
2. N_5	158 28 48	330 28 48	60 21 12	60 21 14	
			15		
3. N_6	197 24 42	17 24 48	107 17 06	107 17 10	
			15		
4. N_8	279 41 24	99 41 30	189 33 48	189 33 52	
			57		
1. 长山	90 07 36	270 07 36			
	Δ左 0	Δ右 6			

31

(4) 照准标志要竖直，尽可能用十字丝交点瞄准花杆或测钎底部。

(5) 记录要清楚，测站运算要当场进行，发现错误应立即重测。

(6) 水平角观测过程中，同一测回内不得再调整管水准器气泡。如气泡偏离中心位置超过2格时，需重新整平仪器，重新观测。

第四节 竖直角观测

一、竖直度盘

竖直角与水平角一样，其角值也是度盘上两个方向读数之差。所不同的是竖直角的两个方向中必有一个是水平方向。经纬仪在设计时，都要求在望远镜视准轴水平时，其竖盘读数是一个固定值（0°、90°、180°、270°四个值中的一个）。因此，在观测竖直角时，只要观测目标点一个方向并读取竖盘读数便可算得该目标点的竖直角，而不必观测水平方向。

竖直度盘也是通过测微尺来读数的，其零分划线与竖盘指标水准管连成一体，指标

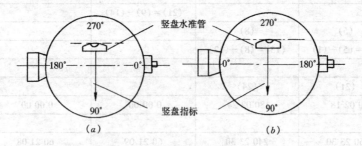

图 3-9 竖盘刻划注记（盘左位置）

水准管气泡居中时，指标即处于正确位置，此时，如望远镜视准轴水平，竖盘读数则为90°的整倍数，这个读数称为竖盘始读数。当望远镜转动时，竖盘也随之转动，但指标不动，因而可读得望远镜不同位置的竖盘读数，并以该读数与始读数相减来计算竖直角。

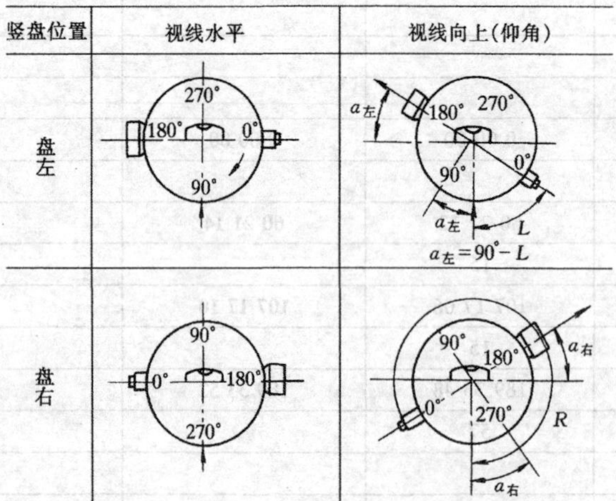

竖盘位置	视线水平	视线向上（仰角）
盘左	（图）	（图）$a_左 = 90° - L$
盘右	（图）	（图）$a_右 = R - 270°$

图 3-10 竖盘读数与竖直角计算

竖直度盘的刻划注记有顺时针和逆时针两种注记形式（如图 3-9），国产的经纬仪的竖盘注记多为顺时针注记形式，其盘左时的始读数为 90°，如图 3-9 (a) 所示。

二、竖直角计算

竖盘注记形式不同，则根据竖盘读数计算竖直角的公式也不同。下面介绍竖盘注记形式为顺时针的竖直角计算。

由图 3-10 看出：盘左位置时，望远镜瞄准目标，在竖盘水准管气泡居中时的度盘读数为 L，根据竖直角测角原理，竖直角 $\alpha_左$ 为

$$\alpha_{左} = 90° - L \tag{3-2}$$

同理，盘右位置时，竖盘水准管气泡居中时的读数为 R，则其竖直角 $\alpha_{右}$ 为

$$\alpha_{右} = R - 270° \tag{3-3}$$

将盘左、盘右位置的竖直角取平均，即得竖直角 α 的计算公式为

$$\alpha = \frac{1}{2}(\alpha_{左} + \alpha_{右}) = \frac{1}{2}(R - L - 180°) \tag{3-4}$$

若 $\alpha > 0$，则竖直角为仰角，$\alpha < 0$，竖直角为俯角。

三、竖盘指标差

上述竖直角计算公式，是假定在望远镜照准轴水平、竖直度盘水准器气泡居中时，竖直度盘的指标是严格处于正确位置的。如果指标偏离了正确位置，使所指读数与应有读数相差一个小角度 x，这个差叫做竖直度盘指标差（如图 3-11 所示）。如指标沿度盘注记增大的方向偏移，则造成读数偏大，x 为正；反之，x 为负。图 3-11 中的指标差 x 为正。

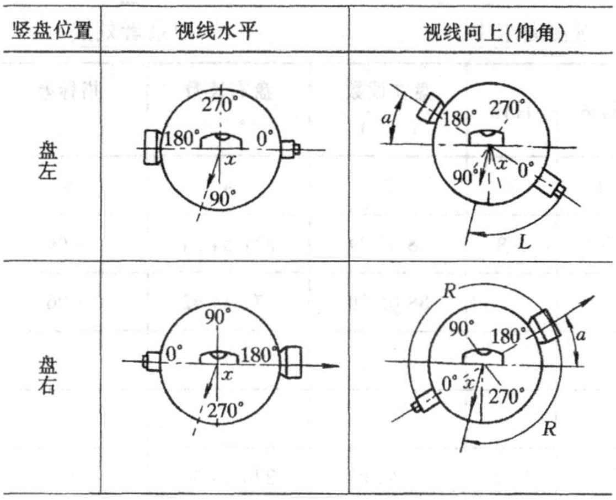

指标差对竖直角的影响可从图 3-11 中看出

竖盘位置	视线水平	视线向上（仰角）
盘左		
盘右		

图 3-11 竖盘指标差

盘左时
$$\alpha_{左} = 90° - L + x \tag{3-5}$$

盘右时
$$\alpha_{右} = R - 270 - x \tag{3-6}$$

取盘左、盘右的中数，则得

$$\alpha = \frac{1}{2}(R - L - 180°)$$

上式与式（3-4）完全相同。所以，竖直角采用盘左、盘右位置观测结果的平均数，可以消除指标差的影响。

若将式（3-5）减式（3-6），则可得

$$x = \frac{1}{2}(R + L - 360°) \tag{3-7}$$

如果只用一个度盘位置观测竖直角，可以先通过盘左、盘右观测某一目标，求得指标差 x，然后按式（3-5）或式（3-6），对观测结果进行指标差的改正，也可以消除或减弱指标差对竖直角观测的影响。

四、竖直角观测的方法

（1）仪器安置于测站点上，盘左位置瞄准目标点，用望远镜十字丝中丝精确切于目标

点的某一特定位置，例如测钎或花杆顶端。

（2）旋转竖直度盘水准器微动螺旋，使竖盘指标水准器严格居中，读取竖盘读数，记入观测手簿（表3-3）第3栏。

（3）盘右位置再瞄准目标点，使竖盘指标水准器气泡居中，读取竖盘读数，记入观测手簿（表3-3）第4栏。

（4）按式（3-7），计算竖直度盘指标差 x，记入表中第5栏；按式（3-4）、（3-5）、（3-6）中的任一式计算竖直角 α，记入表中第6栏。

竖直角观测记录手簿　　　　　　　　　　　　　　　　表 3-3

观测日期 9 月 8 日　　　　　天气 晴　　　　　通视 良好
观测者 李中　　　　　　　　记录者 刘成　　　　仪器 S013581

测站	目标	盘左读数 (° ′ ″)	盘右读数 (° ′ ″)	指标差 (″)	竖直角 (° ′ ″)	仪器高	目标高	目标位置
1	2	3	4	5	6	7	8	9
N4	N8	88 05 24	271 54 54	+09	+01 54 45	1.12	3.62	标顶
		88 05 30	271 54 42	+06	+01 54 36			
					+01 54 40			
	N10	89 40 06	270 19 54	0	+00 19 54		4.10	标顶
		89 40 06	270 20 00	+03	+00 19 57			
					+00 19 56			

如要观测第二个测回，则按上述方法重复进行。表3-3是反映两测回的手簿格式。

竖直角观测时，应及时量取仪器高和目标高，并记入手簿的相应位置。

同一台仪器在同一时段观测时，竖盘指标差基本上是个定值，但由于仪器误差、观测误差及外界条件的影响，使计算出来的指标差发生变化。为保证观测值的精度，需要规定指标差变化的限值。对 DJ_6 型经纬仪，一般规定是：

同一测回中，各方向竖盘指标差的变化应不大于 25″。

同一方向各测回竖直角的较差不大于 25″。

第五节　经纬仪的检查校正

一、经纬仪应满足的几何条件

与水准仪一样，经纬仪也有几条重要的轴线：竖轴（VV）、横轴（HH）、视准轴（CC）及照准部水准管轴（LL），如图3-12所示。

根据水平角测角原理，经纬仪在观测中应该做到竖轴竖直、水平度盘水平，望远镜上下转动时，视准轴形成的轨迹是一个竖直的平面。要满足这些要求，经纬仪各基本轴线之间，必须满足下列几个几何条件：

(1) 照准部水准管轴垂直于仪器的竖轴，即 $LL \perp VV$；
(2) 望远镜视准轴垂直于横轴，即 $CC \perp HH$；
(3) 横轴垂直于竖轴，即 $HH \perp VV$。

水平角测量时是用望远镜里的竖丝去照准目标的，这又要求十字丝竖丝应与铅垂方向重合，即竖丝应垂直于横轴。

在进行竖直角观测时，还要求经纬仪竖直度盘指标处于正确位置。

经纬仪各轴线之间的正确关系，常常在搬运、使用中发生变动，因此需要经常对仪器各轴线之间应满足的几何条件进行检验与校正。普通光学经纬仪一般应按下列顺序进行检验与校正。

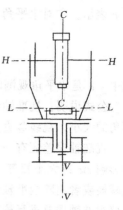

图 3-12　经纬仪的轴线

二、经纬仪的检验与校正

（一）照准部水准管轴垂直于竖轴的检验与校正

在角度观测时，仪器是靠照准部水准管轴来保证竖轴处于铅垂位置的。由于水准管轴不垂直于竖轴，当用管水准器整平仪器时，会使仪器竖轴倾斜 δ 角，称为竖轴误差。竖轴误差对水平角观测产生的影响，除与视线的倾角有关外，还与横轴所处的位置有关。视线倾角越大，影响也越大。而由于一个测站上竖轴的倾斜方向不变，因此采用盘左、盘右观测是不能消除其对测角的影响的。所以，在观测前要仔细地进行竖轴误差的检校，在竖直角较大时更应注意。

1．检验

先大致整平仪器，转动照准部，使水准管与两个脚螺旋平行，再相对地旋转这两个脚螺旋，使水准管气泡居中。然后将仪器旋转 180°，如气泡仍居中，说明水准管轴垂直于竖轴。如气泡中心偏离刻划中心一格以上，则说明水准管轴不垂直于竖轴，应作校正。

2．校正

与校正水准仪中水准管的校正方法一样，用校正针拨动水准管校正螺丝，使气泡向中心移动偏离值的一半，再用脚螺旋使气泡居中。

此项检验需反复进行，直到合格为止。

（二）十字丝竖丝垂直于横轴的检验与校正

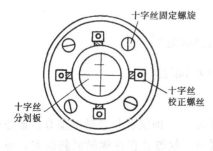

图 3-13　竖丝的校正

1．检验

整平仪器，用十字丝竖丝照准前方适当处所悬挂的垂球线，如果竖丝与垂球线完全重合，则条件满足，否则需进行校正。

2．校正

打开十字丝板护盖（如图 3-13），拧松目镜筒与望远镜筒连接的 4 个十字丝固定螺旋。转动目镜，直至竖丝与垂球线完全重合，再拧紧螺旋，盖上护盖。

（三）望远镜视准轴垂直于横轴的检验和校正

视准轴 CC 不垂直于横轴 HH 的误差称为视准轴误差。产生视准轴误差的原因是十字丝位置不正确，使视准轴在水平方向上偏离了正确的位置。视准轴与正确位置的偏离角度

用 c 表示，它对水平角观测的影响 Δc 可用下式表达

$$\Delta c = \frac{c}{\cos\alpha} \tag{3-8}$$

式中　α 是水平角观测时视线的竖直角。

公式说明：视准轴误差对水平角观测的影响 Δc 与 c 本身的大小有关，并取决于视线倾角的大小，视线竖直角较大时，视准轴误差的影响也较大。

视准轴误差还有一个特点是用盘左、盘右两个位置分别观测同一方向时，视准轴误差的影响 Δc 的大小相等，符号相反，所以用盘左、盘右观测取中数的方法观测水平角，可以减弱或者消除视准轴误差的影响。但视准轴误差过大，会使工作不方便，因此，须对经纬仪视准轴误差进行校正。

1．检验

选一稳定、清晰、与仪器大致等高的目标，用盘左、盘右分别照准目标，读出水平度盘的读数，若盘左、盘右正好相差 180°，说明仪器视准轴垂直于横轴，否则，说明仪器存在视准轴误差，其大小可按下式计算

$$c = \frac{1}{2}(n_{右} - n_{左} \pm 180°) \tag{3-9}$$

式中　$n_{左}$、$n_{右}$ 分别为盘左、盘右观测同一目标的水平角读数。

对于 DJ_6 型光学经纬仪，若 c 大于 ±1′时应进行校正。

2．校正

转动水平微动螺旋，将水平度盘的盘左读数调整到"$n_{左} + c$"（或将盘右读数调整到"$n_{右} - c$"）处，此时十字丝竖丝必然偏离目标。打开十字丝板护盖，用十字丝左、右校正螺丝使十字丝竖丝精确照准目标，视准轴即处于正确位置。

例如，盘左读数为 $n_{左} = 18°03′30″$，盘右读数 $n_{右} = 198°09′42″$，则按（3-8）式可得 c 值为

$$c = \frac{1}{2}(198°09′42″ - 18°03′30″ - 180°) = +3′06″$$

此时，盘左、盘右的正确读数为

$$n_{左} = 18°03′30″ + 3′06″ = 18°06′36″$$

$$n_{右} = 198°09′42″ - 3′06″ = 198°06′36″$$

（四）横轴垂直于竖轴的检验和校正

如果经纬仪左、右两个支架不等高，会造成横轴不水平，即横轴与竖轴不垂直，偏差了一个小角 i。横轴与竖轴不垂直的误差叫横轴倾斜误差。仪器若存在横轴倾斜误差，望远镜绕倾斜的横轴旋转，视准轴形成的轨迹就不是要求的竖直面，而是倾斜的平面。

横轴倾斜误差对水平角观测的影响 Δi 可用下式表示

$$\Delta i = i \cdot \text{tg}\alpha \tag{3-10}$$

式中　α 为水平角观测时视线的竖直角。

该式说明：横轴倾斜误差对水平角观测的影响 Δi 与视线的竖直角 α 有关，α 越大，该项误差的影响也越大，视线水平时，该项误差的影响为零。

由于盘左与盘右瞄准目标时，望远镜左右两个支架的位置正好对调，改变了横轴的倾斜方向，所以盘左、盘右观测同一个目标时 Δi 的大小相等，符号相反，取其中数，便可消除横轴倾斜误差对水平角观测的影响。

盘左、盘右取观测值的中数，虽可消除其对测角的影响，但在如高层建筑轴线的投测等作业时，仪器存在的横轴倾斜误差会影响工作精度，所以在进行这些工作前，一定要对横轴误差进行检校。

1. 检验

如图 3-14 所示，在距一垂直墙面 20～30m 处，安置经纬仪，整平仪器，量取仪器至墙的距离 D。盘左位置，瞄准墙上高目标 M，测出竖直角 α；固定照准部，将望远镜置于水平位置，在墙上标出十字丝交点所对准的 m_1 点。

盘右位置仍瞄准 M 点，仍然固定照准部后将望远镜放平，在墙上标出十字丝交点所对准的 m_2。若 m_1 与 m_2 不重合，说明横轴与仪器竖轴不垂直。量取 $m_1 m_2$ 距离 Δ，根据公式 $i'' = \dfrac{\Delta}{2} \cdot \dfrac{\rho''}{D \mathrm{tg}\alpha}$ 算出横轴倾斜误差 i。

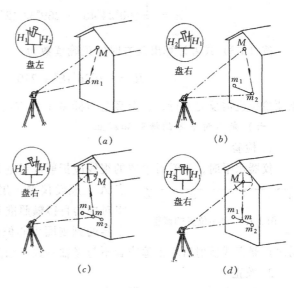

图 3-14 横轴误差的检校

例如：当 $D = 20\mathrm{m}$，$\alpha = 20°$ 时，通过检验，$\Delta = 5\mathrm{mm}$，则得

$$i'' = \frac{5 \times 206265}{2 \times 20000 \times \mathrm{tg}20°} = 71''$$

对于 DJ_6 型经纬仪，当横轴倾斜误差 i'' 超过 $\pm 20''$ 时应进行校正。

2. 校正

用盘右位置瞄准 m_1、m_2 的中点 m，然后抬高望远镜瞄准 M，此时十字丝交点一定偏离 M 点。用校正针拨动望远镜支架上的校正螺丝，使横轴一端升高或降低，当十字丝交点重新对准 M 点时，横轴就垂直于竖轴了。校正后亦应重复检验过程，直到条件满足为止。

由于经纬仪的横轴是密封的，一般来说仪器出厂时均能满足横轴误差小于 $20''$ 的要求，所以测量人员只需进行该项检验即可。如果 i 角过大，应送专门的检验部门校正。

（五）竖直度盘指标正确性的检验和校正

1. 检验

选一稳定、清晰的目标，用盘左、盘右观测目标的竖直角。按相应的计算公式，算出仪器指标差 x，如 $x > 1'$，则应加以校正。

2. 校正

竖直角观测结束后，仪器不动，先计算出盘右位置竖直度盘的正确读数。然后转动竖直度盘指标水准器，使指标对准正确读数。这时竖盘水准管气泡不再居中，用校正针拨动竖盘指标水准器校正螺丝使气泡居中。

例如：盘左读数 $L = 90°24'48''$，盘右读数 $R = 269°32'12''$，则按（3-4）和（3-7）式可算出竖直角和竖直度盘指标差 x 值

$$\alpha = \frac{1}{2}(269°32'12'' - 90°24'48'' - 180°) = -0°26'18''$$

$$x = \frac{1}{2}(90°24'48'' + 269°32'12'' - 360°) = -1'30''$$

按（3-3）式可计算出盘右时的正确读数为

$$R = -0°26'18'' + 270° = 269°33'42''$$

此项检校也需反复进行，直至竖盘指标差 x 为零或在限差范围以内。

（六）光学对中器的检验和校正

1. 检验

仪器水平时，光学对中器的视线应折射成铅垂方向，并与竖轴一致。检验时，在地面点 A 上架设仪器，用光学对中器精确对中、整平仪器后，将对中器目镜随照准部旋转 $180°$，再观测对中情况，如果对中器的刻划圈中心偏离地面点标志 A，而位于 B 点，则说明对点器视线折射后不铅垂或者不与竖轴一致（如图3-15所示）。

图 3-15 对中位置的调整

2. 校正

光学对点器校正时，须借助专门的工具，因此校正工作最好在室内由专门维修人员进行。在野外作业时，如发现光学对点器对中有偏差时，可采用下述方法消除对中误差对观测的影响：如图3-15，取 A、B 的中点 C，并以 C 点进行对中，然后旋转照准部 $180°$，此时对中器的刻划圈中心会偏离到 AB 反方向上的 D 点。如果 $BD = AC$，则说明仪器中心已与地面点 A 处于同一铅垂线上了。

思考题与习题

1. 什么是水平角？什么是竖直角？同一竖直面内，不同高度的目标在水平度盘和竖直度盘上的读数是否一致？
2. 试述 DJ$_6$ 型经纬仪各主要组成部分的名称、作用。
3. 经纬仪的制动螺旋和微动螺旋各有什么作用？怎样使用微动螺旋？
4. 整置经纬仪时，为什么要对中、整平？试述用光学对点器对中时整置仪器的操作方法。
5. 观测水平角时，为什么起始方向的水平度盘读数要略大于 $0°00'00''$，怎样进行操作？照准目标时，为什么应尽量瞄准目标底部？
6. 根据方向值求算水平角时，为什么总是用右方

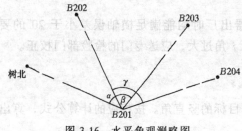

图 3-16 水平角观测略图

向值减去左方向值?

7. 计算表 3-4 水平角观测手簿,并求出图 3-16 中所示的水平角 α、β 和 γ。

水平角观测记录 表 3-4

观测日期 2002.4.10　　　观测　　　观测者 袁 亮 天气 晴
测站 B201 仪器 J675050　　略图　　　记录者 吴启舟 通视 良好

观测点	读 数		半测回方向值	一测回方向值	各测回平均方向值
	盘 左	盘 右			
第一测回	(° ′ ″)	(° ′ ″)	(° ′ ″)	(° ′ ″)	
1. 树北	0°02′18″	270°03′24″			
2. B202	63 49 42	333 51 06			
3. B203	132 24 54	42 26 12			
4. B204	163 26 18	73 27 24			
1. 树北	0 02 12	270 03 42			

8. 什么叫竖盘指标差?如何测定经纬仪竖盘指标差?竖盘指标水准器的作用是什么?

9. 为什么观测一个水平角必须在两个方向上读数,而观测一个竖直角只要读取一个方向上的目标读数即可?

10. 整理表 3-5 中竖直角观测记录。

竖直角观测记录计算 表 3-5

测站	目标	盘左读数 (° ′ ″)	盘右读数 (° ′ ″)	指标差 (″)	竖直角 (° ′ ″)	仪器高	目标高	目标位置
O	A	79 20 24	280 40 00			1.43	1.80	标杆顶
	B	98 32 18	261 27 54			1.43	1.80	标杆顶

11. 用 DJ_6 型经纬仪进行角度测量时,有哪些限差规定?

12. 经纬仪采用盘左、盘右观测,可以消除哪些误差对测角的影响?

13. 经纬仪有哪些主要轴线?它们之间应满足什么几何条件?

14. DJ_6 型经纬仪的检查校正有哪些项目,应按怎样的顺序进行检校?

15. 当观测目标间高低相差较大时,进行水平角观测,为什么应特别注意仪器的整平?

16. 野外作业时,如何消除光学对中器误差对观测的影响?

17. 用 DJ_6 型经纬仪观测某一目标,盘左竖盘读数为 71°45′24″,该仪器竖盘为顺时针注记,测得竖盘指标差 $x = +66″$,校正指标差时,该目标正确的竖直角读数为多少?

第四章 距 离 测 量

距离测量也是测量的基本工作之一。所谓距离，是指两标志点之间的水平直线长度。测量工作中常用的距离测量方法有钢尺量距、视距测量和电磁波测距三种。

第一节 钢 尺 量 距

钢尺量距工具简单，是测量工作中常用的一种距离测量方法。根据不同的精度要求，钢尺量距又可分为一般量距和精密量距两种。

一、量距工具

钢尺为薄钢带状尺，一般可收卷在尺盒内或尺架上，如图4-1。钢尺长度有20m、30m、50m等几种，其基本分划为厘米，最小分划为毫米。在每分米和每米的分划线处，有相应的注记。

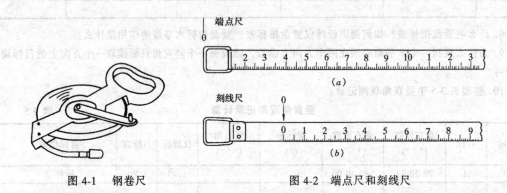

图 4-1 钢卷尺　　图 4-2 端点尺和刻线尺

钢尺因长度起算的零点位置不同，有端点尺和刻线尺两种。端点尺是以尺端的扣环作为零点，如图4-2（a）所示。刻线尺是以刻在尺端附近的零分划线为零点，如图4-2（b）所示。

丈量距离的工具，除钢尺外，还有标杆、测钎、垂球、温度计等辅助工具，见图4-3。

二、直线定线

1. 地面点定点

为了测量地面两点间的水平距离，需将点的位置在距离测量前用明确的标志标定下来。临时的地面点标志一般用木桩打入土中，木桩端面中央钉一个小钉或画十字记号，以表明地面点位。需长期或永久保存的地面点

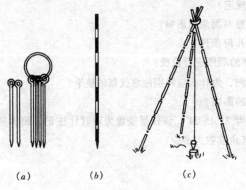

图 4-3 量距辅助工具

标志，一般采用石桩或混凝土标石，桩顶面镶嵌刻有十字线的用铜或铸铁做的标志，以十字线的交点表示点的精确位置。为使观测者能从远处看见地面点位，可在标志中心竖立标杆、测钎或悬吊垂球等。

2．直线定线

当地面两点间的距离较远或地势起伏较大时，为了便于量距，可在两点间分为若干个尺段进行丈量，因此需在两点方向线上插设几根标杆，这样既可标定直线的方向，也可将标杆位置作为分段丈量的依据。这种把多根标杆标定在已知直线上的工作称为直线定线，简称定线。直线定线的方法有目估定线和经纬仪定线两种。一般量距常采用目估定线，方法如下：

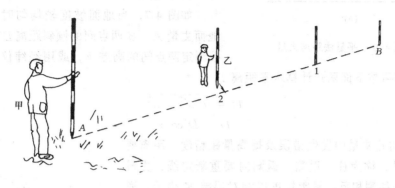

图 4-4　两点间目估定线

如图 4-4，A、B 为待测距离的两个端点，先在 A、B 点竖立标杆，甲站在 A 标杆后约 1~2m 处，乙站立 A、B 之间，距离 B 点的距离小于钢卷尺的尺长，甲指挥乙左右移动标杆，使得乙所持标杆与 A、B 在同一视线方向上后，乙在标杆处插上测钎。直线定线一般应由远到近，即先定点 1，再定点 2。

三、一般钢尺量距方法

（一）平坦地面的距离丈量

如图 4-5 所示，欲量取 A、B 两点间的水平距离，先在 A、B 处竖立标杆，作为丈量时定线的依据。丈量工作一般由 2~3 人进行。后尺手持钢尺的零端位于 A 点，前尺手沿 AB 方向前进，至一尺段处停下，后尺手将零刻划对准 A 点，两人同时把钢尺拉紧、拉直和拉稳后，前尺

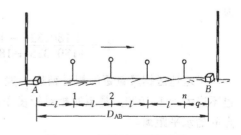

图 4-5　平坦地面量距方法

手在钢尺末端刻划处竖直插下测钎 1，完成一个尺段的丈量。同样方法量出其他尺段，直至最后不足一整尺段，由 B 读出余长 q（图 4-5 中 nB 段）。则 A、B 两点之间的水平距离为

$$D_{AB} = n \cdot l + q \tag{4-1}$$

式中 n 为尺段数；l 为钢尺长度；q 为不足一整尺的余长。

（二）倾斜地面的距离丈量

1．平量法

如图 4-6 所示，如果 A、B 两点间地面高低起伏，不便将钢尺贴在地面丈量时，可将

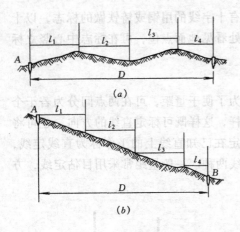

图 4-6 平量法距离丈量

钢尺的一端或两端抬高，借助于垂球对点，将钢尺拉平丈量。如图 4-6（b）丈量由高点 A 向低点 B 进行，甲立于 A 点，指挥乙将尺拉在 AB 方向线上。甲将尺的零分划线对准 A 点，乙目估使尺子水平，然后用垂球尖将钢尺的末端位置投于地面上，并插上测钎作标记，分别量出各测段的水平距离，然后取其总和，得到 A、B 两点间的水平距离。

2．斜量法

如图 4-7，当地面坡度较均匀时，则可先沿地面丈量 A、B 两点间的倾斜距离 D'，再用水准仪测定两点间的高差 h，或用经纬仪测出地面倾斜角 α，即可按下面两式计算水平距离 D

$$D = \sqrt{D'^2 - h^2} \quad (4\text{-}2)$$

$$D = D'\cos\alpha \quad (4\text{-}3)$$

为了防止丈量中发生错误及提高量距精度，距离要往、返丈量，称为往、返测。返测时要重新定线，丈量方向亦应与往测相反。量距精度以相对误差 K 表示，通常将 K 化算成分子为 1 的分数形式

$$K = \frac{|D_{往} - D_{返}|}{D_{平均}} \quad (4\text{-}4)$$

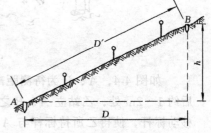

图 4-7 斜量法距离丈量

例如：往测距离为 180.325m，返测距离为 180.369m，则距离平均值为 180.347m，其相对误差 K 为

$$K = \frac{|180.325 - 180.369|}{(180.325 + 180.369)/2} = \frac{0.044}{180.347} \approx \frac{1}{4100}$$

平坦地区钢尺量距的相对精度一般不应大于 1/3000；量距困难的地区，其相对精度也不应大于 1/1000。量距的相对精度不超过规定时，可取往、返测距离的平均值作为两点间的水平距离。

四、钢尺量距的精密方法

用一般方法量距，精度只能达到 1/1000～1/5000，当要求的量距精度较高时，应采用精密方法进行丈量。精密方法量距，就是在一般钢尺量距的基础上采用了较精密的方法，并对一些影响因素进行了相应的改正。

（一）钢尺检定

钢尺因刻划误差、使用中的变形、丈量时温度变化和拉力不同等因素的影响，其实际长度与尺上所标注的长度不相等。因此，丈量前须将钢尺送有关部门进行检定，求出钢尺在标准温度和标准拉力下的实际长度，以便对丈量结果加以修正。例如：在一定的拉力下，某根名义长为 30m 的钢尺，在温度为 20℃ 时检定的实际长为 30.005m，钢尺的膨胀

系数为 0.0000125m/（m·℃），该尺的尺长方程式为

$$l_t = 30\text{m} + 0.005\text{m} + 1.25 \times 10^{-5} \times 30\text{m} \times (t - 20℃)$$

（二）直线定线

如图 4-8 所示，经纬仪架设在 A 点后照准 B 点，清除 A、B 两点间的障碍物，然后沿视线方向根据地形起伏情况钉设小木桩，在桩顶钉一白铁皮，并根据望远镜十字丝中点，在白铁皮上划十字线标记。

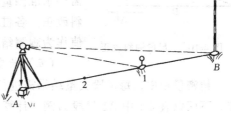

图 4-8 经纬仪定线

（三）量距

用检定过的钢尺精密丈量相邻木桩间的距离。丈量组一般由五人组成，两人拉尺，两人读数，一人指挥兼记录并读取温度。

丈量时，拉伸钢尺置于相邻两木桩顶上，并使钢尺有刻划线的一侧靠近桩顶十字线。后尺手将弹簧秤挂在尺的零端，以便施加钢尺检定时的标准拉力，如图 4-9 所示。两读尺员按桩顶十字线标志同时读数，估读到 0.5mm，记入手簿（见表 4-1）。精密丈量方法要求每测段进行三次读数，每次读数均应前后移动钢尺，使尺上不同刻划对准十字标志。由三组读数算得的长度差不超过 3mm 时，取三次结果的平均值，作为该尺段的丈量结果。每一尺段应读记一次温度，估读至 0.5℃。按同样方法，完成其余各尺段的丈量，即完成一次往测。完成往测后，应立即返测。

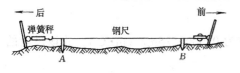

图 4-9 钢尺精密量距

钢尺精密量距记录及成果计算　　　　　　　　　　表 4-1

钢尺号码：No.11		钢尺膨胀系数：0.0000125		钢尺检定时温度 t_0：20℃			计算者：朱丽丽		
钢尺名义长度 l_0：30m		钢尺检定长度 l'：30.0025m		钢尺检定时拉力：100N			日期：2002.2.15		
尺段编号	实测次数	前尺读数 (m)	后尺读数 (m)	尺段长度 (m)	温度 (℃)	高差 (m)	温度改正数 (mm)	尺长改正数 (mm)	倾斜改正数 (mm)	改正后尺段长 (m)
A1	1	29.8955	0.0200	29.8755	26.5	-0.115	+2.3	+2.5	-0.2	29.8801
	2	29.9115	0.0345	29.8770						
	3	29.8980	0.0240	29.8740						
	平均			29.8755						
12	1	29.9350	0.0250	29.9100	25.0	+0.411	+1.8	+2.5	-2.0	29.9120
	2	29.9565	0.0460	29.9105						
	3	29.9780	0.0695	29.9085						
	平均			29.9097						
...	...	...	...	...	...	...	...	...	...	...
6B	1	19.9345	0.0385	19.8960	28.0	+0.112	+1.9	+1.7	-0.3	19.8990
	2	19.9470	0.0510	19.8960						
	3	19.9565	0.0615	19.8950						
	平均			19.8957						
总和										196.5186

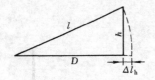

图 4-10 尺段倾斜改正

（四）测定相邻桩顶间的高差

上述所量的距离，是相邻木桩桩顶间的倾斜距离。因此还需用水准测量的方法测出相邻桩顶间的高差，以便进行尺段倾斜改正。各桩顶间高差往返测较差小于 ±10mm 时，取其平均值作为观测结果。

（五）长度计算

精密量距中，每尺段丈量结果需进行尺长改正、温度改正和倾斜改正，换算成水平距离，下面以表 4-1 中 A1 尺段为例，计算三项改正如下：

1. 尺长改正

钢尺在标准拉力、标准温度下的实际长为 30.0025m，它与钢尺的名义长度（30m）的差数（0.0025m）为整尺段的改正数，因此，A1 尺段 $l = 29.8755$m 的尺长改正数为

$$\Delta l_d = + \frac{0.0025 \text{m}}{30} \times 29.8755 \text{m} = +0.0025 \text{m} = +2.5 \text{mm}$$

2. 温度改正

A1 段丈量时温度为 26.5℃，钢尺的膨胀系数为 0.0000125m/(m·℃)，故该尺段的温度改正数为

$$\Delta l_t = 0.0000125 \times (26.5 - 20) \times 29.8755$$
$$= +0.0023 \text{m} = +2.3 \text{mm}$$

3. 倾斜改正

如图 4-10，设 l 为量得的斜距，h 为尺段两端点的高差，D 为改正后的水平距离，倾斜改正数可按下式进行改正

$$\Delta l_h = -\frac{h^2}{2l} \tag{4-5}$$

可见，倾斜改正数恒为负值。

仍以表 4-1 中 A1 尺段为例，$l = 29.8755$m，$h = -0.115$m，则倾斜改正数为

$$\Delta l_h = -\frac{(-0.115)^2}{2 \times 29.8775} = -0.0002 \text{m} = -0.2 \text{mm}$$

每一尺段改正后的水平距离 D 为

$$D = l + \Delta l_d + \Delta l_t + \Delta l_h \tag{4-6}$$

表中 A1 尺段的水平距离为

$$D_{A1} = 29.8755 \text{m} + 2.5 \text{mm} + 2.3 \text{mm} - 0.2 \text{mm} = 29.8801 \text{m}$$

将各个改正后的尺段长和余长加起来，便得到 AB 距离的全长。表 4-1 中 196.5186m，为往测结果。同样可以算出 AB 返测结果，如返测结果为 19.5136m，则丈量 AB 距离的相对误差为

$$K_D = \frac{|D_{往} - D_{返}|}{D_{平均}} = \frac{1}{39000}$$

如果相对误差在限差范围内，则取平均距离作为观测结果。超过限差时应重测。

五、钢尺量距误差及注意事项

影响钢尺量距精度的因素很多，主要有钢尺误差、人为误差及外界条件的影响等。

（一）钢尺误差

钢尺的名义长度和实际长度不符，则产生尺长误差。尺长误差与丈量的距离长短成正比，所量距离越长，则误差越大。因此新购置的钢尺须经过检定，以便对所量距离加以尺长改正。

（二）人为误差

人为误差主要有钢尺倾斜和垂曲误差、定线误差、拉力误差及丈量误差。

1. 钢尺倾斜误差和垂曲误差

地面有起伏，用平量法量距时，钢尺未处于水平位置而产生倾斜误差；钢尺因自重而使钢尺下垂成曲线而产生垂曲误差。倾斜误差与垂曲误差都使所量出的距离比实际距离要大，因此应将钢尺拉平拉直丈量。

2. 定线误差

由于丈量时钢尺偏离两点间的连线，使得量距结果偏大，由此产生的误差称为定线误差，一般量距时，要求定线偏差不大于 0.1m，借助标杆目估定线，一般可以达到要求。当距离较长或精度要求较高时，应借助于经纬仪定线。

3. 拉力误差

钢尺具有弹性，会因受拉而伸长，如果拉力不等于标准拉力，钢尺的长度就会产生变化。一般量距中只要保持拉力均匀即可，而对较精密的丈量工作则需使用弹簧秤。

4. 丈量本身的误差

主要有钢尺刻划的对点误差、插测钎位置偏差及钢尺读数误差等。这些误差对丈量结果的影响有正有负，大小不定，在丈量结果中可以互相抵消一部分，但仍是量距作业的一项主要误差来源。因此，在丈量中应尽量做到读数细致，对点准确。

（三）外界条件的影响

外界条件的影响主要是温度的影响，丈量时的温度和标准温度不一致，将导致钢尺长度变化。一般量距时，温度变化小于 10℃ 时可不加改正，但精密量距时则必须考虑温度改正。测定温度时，温度计最好是绑在钢尺上，夏天作业时，宜在阴天量距。

第二节 电磁波测距

长距离钢尺量距劳动强度大、工作效率低，尤其在山区或沼泽区，丈量工作更是难以开展。随着光电技术的飞速发展，电磁波测距方法已得到普遍的应用。

电磁波测距仪按测程分，有短程（<3km）、中程（3～15km）和远程（>15km）三种，短程电磁波测距仪大多采用以砷化镓（CaAs）发光二极管所发出的红外光作为载波，通过测定光波在两点间传播的时间计算距离。

一、测距原理

如图 4-11，在 A 点安置测距仪，B 点放置反光镜。测距仪发射出的光脉冲由 A 至 B；经反光镜反射

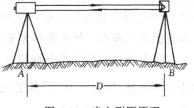

图 4-11 光电测距原理

到测距仪。设光速为 C，光脉冲在 AB 间往返时间为 t，则距离可由下式求出

$$D = \frac{1}{2}ct \tag{4-7}$$

用这种方法测定距离的精度主要取决于时间 t 的量测精度，如果要达到 $\pm 1\text{cm}$ 的测距精度，t 必须精确到 6.7×10^{-11} 秒，这是难以做到的。因此，高精度测距都通过间接测定法来测定，即将距离和时间的关系变成距离与相位的关系，通过测定相位差来测定距离。

相位法测距仪是对测距仪的光源 CaAs 发光管注入一定频率的交变电流，使发光管发射的光强随着注入电流的大小发生变化，如图 4-12，这种光称为调制光。测距仪在 A 点发出的调制光被 B 点反光镜反射后被接收器所接收，用相位计将发射信号与接收信号进行相位比较，由显示器显出调制光在待测距离往、返传播所引起的相位移 φ。为方便说明问题，将反光镜 B 返回的光波在测线方向上展开，见图 4-13。

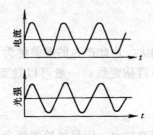
图 4-12　光的调制

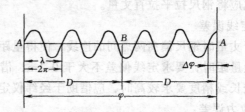
图 4-13　相位式光电测距原理

设调制光频率为 f，波长为 λ，其光强度变化一个周期的相位差为 2π，则

$$\varphi = 2\pi f t$$
$$t = \frac{\varphi}{2\pi f} \tag{4-8}$$

将式（4-8）代入式（4-7）得

$$D = \frac{c}{2f} \cdot \frac{\varphi}{2\pi} \tag{4-9}$$

从图 4-12 可以看出，相位移 φ 可表示为

$$\varphi = N \cdot 2\pi + \Delta\varphi$$

将上式代入（4-9）得

$$D = \frac{c}{2f}\left(N + \frac{\Delta\varphi}{2\pi}\right) = \frac{\lambda}{2}(N + \Delta N) \tag{4-10}$$

式中　N 为整周期数；$\Delta N = \Delta\varphi/2\pi$；$\Delta N$ 小于 1，为不足一个周期的小数。

该式为相位法测距的基本公式。由该式可以看出，c、f 为已知值，只要知道相位移的整周期数 N 和不足一个整周期的相位移 $\Delta\varphi$，即可求得距离。将相位法测距公式与钢尺量距公式（4-1）相比，我们可以把调制光的半波长看成"光测尺"长度，则距离 D 也可看成 N 个整测尺长度与不足一个整测尺长度之和。而光尺长度是由光速 C、调制频率 f 并考虑到大气温度、气压等因素确定的。

仪器上的相位计只能分辨出 $0 \sim 2\pi$ 间的相位变化，故只能测出不足 2π 的相位差 $\Delta\varphi$，相当于不足整"测尺"的距离值 $\Delta N \cdot \frac{\lambda}{2}$。例如光尺为 10m，则可测出小于 10m 的数据；光尺为 1000m，则可测出 1000m 以内的距离值。但由于仪器测相精度只能达到 1/1000，

所以1km的测尺精度只能达到m级。测尺越长,精度越低。为了兼顾测程和精度,目前测距仪常采用多个调制频率(即几个测尺)进行测距,用短测尺(也称精测尺)测定距离的小数,用长测尺(粗测尺)测定距离的大数,就如同钟表上用时、分、秒针互相配合来确定精确的时刻一样。

二、红外测距仪测量步骤及其他

目前国内外生产的中短程红外测距仪型号有几十种,各种仪器由于其结构不同,操作也各不相同,使用时应严格按照仪器使用手册来操作。图4-14是日本产Topcon DM-S3L红外测距仪外形,它是十分理想的中短程测距仪之一,具有测程较长、精度高的优点外,还有自动改化等测量计算的功能。其主要技术参数如下:

测程范围:7000m

测距精度:±5mm+3ppm

工作温度:$-20 \sim +50$℃

重量:2.3kg

输出电压:DC8.4V

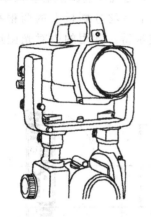 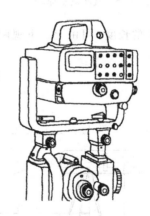

图4-14 DM-S3L红外测距仪

一般测距仪测量步骤如下:
(1) 安置仪器:包括对中、整平等内容,接通电源。
(2) 安置常数或观测记录竖直角、大气气压、气温等项。
(3) 距离测量。
(4) 成果计算(仪器可自动进行气象改正及各种常数改正的则无此项)。

测距仪在使用中应注意以下几点:
(1) 在阳光下作业(或在雨天作业),一定要打伞保护,以防损坏。
(2) 仪器应在大气比较稳定和通视良好的条件下使用。
(3) 测距结束后立即关机,迁站时要拔掉电源线。

第三节 视 距 测 量

视距测量是一种利用望远镜中的视距丝装置,根据光学原理同时测定距离和高差的间接测距方法。这种方法具有操作简便、迅速、不受地形限制等优点。目前，在大比例尺测图中，视距测量还占有相当重要的位置。

一、视距测量原理及视距公式

经纬仪、水准仪及大平板仪的望远镜内都有视距丝装置。视距丝是刻在十字丝分划板上与横丝平行且等距的上、下两条短横丝。因为从这两根视距丝引出的视线在竖直面内所夹的角度 φ 是固定角，在待测距离处树立标尺，上下视距丝在尺上可截得长度 l_i，如图 4-15，显然 l_i 将随距离 D_i 的变化而变化，所以根据 l_i 可确定 D_i。

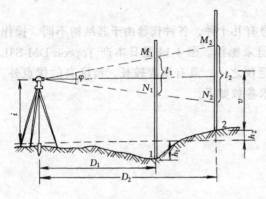

图 4-15 视距测量原理

1. 视准轴水平时的视距公式

如图 4-16，视准轴在水平位置时瞄准直立的视距尺，此时视准线与视距尺相垂直。望远镜经过调焦后，尺上 M、N 点成像在十字丝分划板上的两根视距丝 m、n 处，尺长 MN 的长度 l 可由上、下视距丝读数之差求得。常用的内对光望远镜中，其视距公式为

$$D = Kl + c \tag{4-11}$$

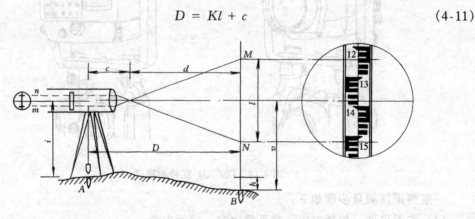

图 4-16 视线水平时的视距测量

式中 K、c 分别称为视距乘常数和视距加常数。为了方便测量，在望远镜设计时，已使 $K=100$，而 $c\approx 0$，所以公式 (4-11) 可改写为

$$D = Kl \tag{4-12}$$

如图 4-16 中，$l = 1.380\text{m} - 1.242\text{m} = 0.138\text{m}$，则 A、B 两点的距离为 $0.138\text{m} \times 100 = 13.8\text{m}$。

视准轴水平时，若要测定 A、B 点的高差，则可按下式计算

$$h = i - v \tag{4-13}$$

式中 i 为仪器高；v 为目标高，即十字丝中丝读数。

2. 视准轴倾斜时的视距公式

在应用公式 (4-12) 时，视线必须垂直于视距尺。而在地面起伏较大的地区进行视距

测量时，望远镜视线是在倾斜状况下读取视距间隔 l 的，如图 4-17。我们可以假设一根与视准轴相垂直的倾斜标尺，并将直立标尺上的视距间隔 l 转化为在倾斜标尺上的间隔读数 l'，即可应用公式（4-12）求得仪器到标尺的倾斜视线长度 D'，最后再将 D' 换算成水平距离 D。

通过推导，可知斜距 D' 为

$$D' = Kl\cos\alpha \quad (4\text{-}14)$$

式中 α 为视线倾角。

水平距离 D 则为

$$D = D'\cos\alpha = Kl\cos^2\alpha \quad (4\text{-}15)$$

由图 4-17 看出，A、B 两点高差为

$$h = h' + i - v$$

$$h' = D'\sin\alpha = Kl\cos\alpha\sin\alpha = \frac{1}{2}Kl\sin2\alpha \quad (4\text{-}16)$$

所以

$$h = \frac{1}{2}Kl\sin2\alpha + i - v$$

如果 A 的高程 H_A 已知，可得 B 点的高程为

$$H_B = H_A + h$$

$$H_B = H_A + \frac{1}{2}Kl\sin2\alpha + i - v \quad (4\text{-}17)$$

公式（4-15）、（4-16）是视距测量的基本公式。作业中，在测定竖直角 α 时，通常使望远镜中丝瞄准视距尺上与仪器同高处，从而使 $i - v = 0$，以方便高差计算。

二、视距测量的观测和计算

1. 观测

（1）如图 4-17 所示，经纬仪安置于 A 点，量仪器高 i，B 点竖立视距尺。

（2）经纬仪取盘左位置，望远镜瞄准 B 点视距尺，读取下丝、上丝标尺读数 M、N（估读至 0.1cm），

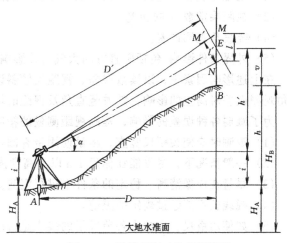

图 4-17 视线倾斜时的视距测量

算出视距间隔 $l = M - N$，并读取目标高 v。在实际作业中，也可将上丝（或下丝）切准标尺上某一整分米刻划，根据标尺的区格刻划，直接读取视距间隔。

（3）转动竖盘指标水准器微动螺旋，使竖盘指标水准气泡严密居中，读取竖盘读数，并计算竖直角 α。

2. 计算

根据视距间隔 l、竖直角 α、仪器高 i 及中丝读数 v，计算水平距离 D 和高差 h。视距测量中，竖直角往往只观测盘左或盘右半个测回，因此在作业前应检查经纬仪竖直度盘指标差 x。对于 DJ_6 型经纬仪，当竖盘指标差超过 $\pm 1'$ 时，须进行校正。或者在计算时对竖直角予以指标差改正。

视距测量记录及计算如表 4-2 所示。

视距测量记录与计算 表 4-2

测站：A　　测站高程：19.75m　　仪器高：1.45m

照准点号	下丝读数 上丝读数 视距间隔 (m)	中丝读数 (m)	竖盘读数 L（盘左） (° ′)	竖直角 $\alpha = 90° - L$ (° ′)	水平距离 (m)	高差 (m)	高程 (m)
1	1.426 0.995 0.431	1.211	92　42	−2　42	43.00	−1.79	17.96
2	1.812 1.298 0.514	1.555	88　12	+1　48	51.35	+1.51	21.26
3	0.889 0.507 0.382	0.698	89　54	+0　06	38.20	+0.82	20.57

三、视距测量的误差及注意事项

影响视距测量的误差来源是：

(1) 视距读取误差：包括视距丝太粗、上下丝不能同时读数、目估读数等因素。

(2) 视距尺误差：包括视距尺刻划不准确、观测时标尺倾斜等因素。

(3) 视距乘常数 K 的误差。

(4) 竖直角观测误差。

(5) 外界条件影响：包括竖直方向大气折光影响，观测时风力太大、大气透明度不好等。

在上述影响因素中，以读数误差、视距尺倾斜误差、大气折光差的影响较为显著。竖直角观测误差对高差的影响，随着竖直角及视距的增大而增大。

为了减弱各种误差的影响，提高视距测量的精度，野外作业时应注意：

(1) 观测时应使视距尺竖直，尽量使用带有圆水准器的视距尺。

(2) 一般情况下，尽可能在标尺 1m 以上高度读数，以减弱大气折光的影响。

(3) 尽量在成像清晰、稳定的条件下进行观测。

(4) 视线长不能超过规定的限值。

(5) 如使用塔尺，应检查各节尺子的接头是否准确。

第四节　直　线　定　向

确定地面上两点的相对位置，仅知道两点间的水平距离是不够的，还需确定该直线的方向。测量直线的方向，是以该直线与南北方向线之间的夹角来确定的，直线定向也就是确定这一夹角。作为直线定向基础的南北方向线，称为基本方向线。测量上常用的基本方向线有：

(1) 真子午线方向：通过地球表面某点的真子午线的切线方向。

(2) 磁子午线方向：磁针在地球磁场的作用下自由静止时所指的方向。

(3) 坐标纵轴方向：平面直角坐标系中的坐标纵轴以及平行于纵轴的直线方向。

一、坐标方位角

1．坐标方位角的概念

过基本方向线的北端起，以顺时针方向旋转到该直线的角度，叫做该直线的方位角。在测量工作中，常采用坐标纵轴方向作为基本方向线，其方位角称为坐标方位角，如图4-18所示。方位角的角值为0°～360°。

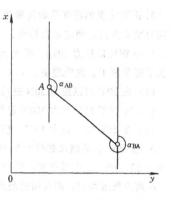

图4-18　坐标方位角

2．正、反坐标方位角

相对来说，一条直线有正、反两个方向。若设定直线的正方向为 AB，则直线 AB 的坐标方位角为正方位角，记做 α_{AB}，而直线 BA 的正方位角就是直线 AB 的反方位角，记做 α_{BA}。如图4-18，由于直角坐标系中，坐标纵轴方向相互平行，因此正、反坐标方位角相差180°，即

$$\alpha_{AB} = \alpha_{BA} \pm 180° \quad (4-18)$$

二、象限角

地面直线的定向，有时也用小于90°的角度来确定。从过南北方向线的北端或南端，依顺时针（或逆时针）的方向量至直线的锐角，叫做该直线的象限角，象限角常以 R 表示。在直角坐标系中，x 和 y 轴把一个圆周分成Ⅰ、Ⅱ、Ⅲ、Ⅳ四个象限。测量中规定，象限按顺时针编号。为了确定直线所在的象限，规定在直线的象限角值前冠以象限符号，如图4-19所示。直线 A1 的象限角 $R_{A1} = NE53°38'$。

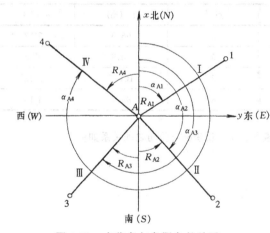

图4-19　方位角与象限角的关系

根据象限角和坐标方位角的定义，可得到象限和坐标方位角的关系，见表4-3。

象限角与坐标方位角的关系　　　　　表4-3

象限	象限角与坐标方位角的关系	象限	象限角与坐标方位角的关系
Ⅰ北东	$\alpha = R$	Ⅲ南西	$\alpha = 180° + R$
Ⅱ南东	$\alpha = 180° - R$	Ⅳ北西	$\alpha = 360° - R$

思 考 题 与 习 题

1．什么是直线定线？距离丈量中为什么要进行直线定线？

2．用钢尺丈量距离的方法一般有几种？丈量中应注意哪些事项？

3. 距离丈量的精度是如何衡量的？丈量一段距离，往测为 324.68m，返测为 324.60m，求距离丈量的相对精度及两点间的最后结果。

4. 某钢尺以拉力 10kg、温度 20℃ 时的长度为标准长度。在下述情况时，钢尺量得距离比实际距离是长了还是短了，说明理由。

(1) 在 20℃ 时以拉力 50N 进行丈量。

(2) 在 10℃ 时以拉力 100N 进行丈量。

(3) 在 25℃ 时以拉力 150N 进行丈量。

5. 某 20m 长的钢尺在拉力为 100N、温度为 20℃ 时检定出的实际长度为 19.994m，钢尺的线膨胀系数为 1.25×10^{-5}。今用它在相同拉力情况下，$t = 26℃$ 时丈量 A、B 两点间的距离为 120.000m，假设 A、B 两点坡度均匀，两点间的高差为 1.46m，问 A、B 两点间实际水平距离是多少？

6. 简述钢尺量距的误差来源。在一般量距中，主要的误差是哪几项？

7. 试述光电测距的基本原理。

8. 视距乘常数为 K，视距标尺上读数为 l，竖直角为 α，试问：Kl、$Kl\cos\alpha$、$Kl\cos^2\alpha$、$\frac{1}{2}Kl\sin2\alpha$ 分别表示什么？

9. 下表为视距测量观测记录，试计算相应高差和平距（$K = 100$，高差计算至 0.01m，平距计算至 0.1m）。

点号	l (m)	A (°′)	点号	L (m)	α (°′)
1	8.5	+0°59′	5	66.3	−3°17′
2	10.7	+1°46′	6	90.9	−0°18′
3	20.6	−1°45′	7	101.5	−3°12′
4	47.8	+7°54′	8	89.4	+4°16′

10. 象限角与坐标方位角有何不同？如何进行换算？正、反坐标方位角之间关系如何？

第五章　GPS定位技术

第一节　GPS定位系统的发展历史

GPS是英文 Navigation Satellite Timing and Ranging/Global Positioning System 的字头缩写词 NAVSTAR/GPS 的简称。它的含义是，利用导航卫星进行测时和测距，以构成全球定位系统。现在国际上已经公认，将这一全球定位系统简称为GPS。

自古以来，人类就致力于定位和导航的研究工作。1957年10月世界上第一颗卫星发射成功后，利用卫星进行定位和导航的研究工作提到了议事日程。1958年底，美国海军武器实验室委托霍布金斯大学应用物理实验室研究美国军用舰艇导航服务的卫星系统，即海军导航卫星（Navy Navigation Satellite System—NNSS）。在这一系统中，卫星的轨道都通过地极。所以又称为子午仪卫星导航系统（Transit）。1964年1月研制成功，用于北极星核潜艇的导航定位，并逐步用于各种军舰的导航定位。1967年7月，经美国政府批准，对其广播星历解密并提供民用，为远洋船舶导航和海上定位服务。由此显示出了卫星定位的巨大潜力。接着对子午仪卫星定位技术进行了一系列的研究，提高了卫星轨道测定的精度，改进了用户接收机的性能，使定位精度不断提高，自动化程度不断完善，使应用范围越来越广。海上石油勘探、钻井定位、海底电缆铺设、海洋调查与测绘、海岛联测以及大地控制网的建立等方面都相继采用，成为全球定位和导航的一种新手段。

尽管子午仪导航系统已得到广泛的应用，并已显示出巨大的优越性。但是，这一系统在实际应用方面却存在着比较大的缺陷。为此，美国于20世纪60年代末着手研制新的卫星导航系统，以满足海陆空三军和民用部门对导航越来越高的要求。美国海军提出了名为"Timation"的计划，该计划采用12~18颗卫星组成全球定位网，卫星高度约10000km，轨道呈圆形，周期为8小时，并于1967年5月31日和1969年9月30日分别发射了 Timation—1 和 Timation—2 两颗试验卫星。与此同时，美国空军提出了名为"621—B"计划，它采用3~4个星群覆盖全球，每个星群由4~5颗卫星组成，中间一颗采用同步定点轨道，其余几颗用周期为24小时倾斜轨道。这两个计划的目标一致，即建立全球定位系统。但两个计划的实施方案和内容不同，各有优缺点。考虑到两个计划的各自优缺点以及美国难于同时负担研制两套系统的庞大经费开支，1973年美国代理国防部长批准成立一个联合计划局，并在洛杉矶空军航天处内设立办事机构。该办事机构的组成人员包括美国陆军、海军、海军陆战队、国防制图局、交通部、北大西洋公约组织和澳大利亚的代表。自此正式开始了GPS的研究和论证工作。

在联合计划局的领导下，诞生了GPS方案。这个方案是由24颗卫星组成的实用系统（如图5-1）。这些卫星分布在互成120°的3个轨道平面上，每个轨道平面平均分布8颗卫星。这样，对于地球上任何位置，均能同时观测到6~9颗卫星。预计粗码定位精度为100m左右，精码定位精度为10m左右。1978年，由于压缩国防预算，减少了对GPS计划的拨款，于是将实用系统的卫星数由 24 颗减为 18 颗，并调整了卫星配置。18 颗卫星分布在互成 60°的 6 个轨道面上，轨道倾角为 55°。每个轨道面上布设 3 颗卫星，彼此相距 120°，从一个轨道面的卫星到下一个轨道面的卫星间错动 40°。这样的卫星配置基本上保证了地球任何位置均能同时观测到 4 颗卫星。经过一段实验后发现，这样的卫星配置即使全部卫星正常工作，其平均可靠度仅为 0.9969。如果卫星发生故障，将使可靠性大大降低。因此 1990 年初又对卫星配置进行了第三次修改。最终的 GPS 方案是由 21 颗工作卫星和 3 颗在轨备用卫星组成。卫星的轨道位数基本上与第二方案相同。只是为了减小卫星漂移，降低对所需轨道位置保持的要求，将卫星的高度提高了 49km，即长半轴由 26560km 提高到 26609km。这样，由每年调整一次卫星位置改为每 7 年调整一次。

GPS 实施计划共分三个阶段：

第一阶段为方案论证和初步设计阶段。从 1973～1979 年，共发射了 4 颗试验卫星，研制了地面接收机及建立地面跟踪网，从硬件和软件上进行了试验。试验结果令人满意。

第二阶段为全面研制和试验阶段。从 1979～1984 年，又陆续发射了 7 颗试验卫星。这一阶段称之为 Block Ⅰ。与此同时，研制了各种用途的接收机，主要是导航型接收机，同时测地型接收机也相继问世。试验表明，GPS 的定位精度远远超过设计标准。利用粗码的定位精度几乎提高了一个数量级，达到 14m。由此证明，GPS 计划是成功的。

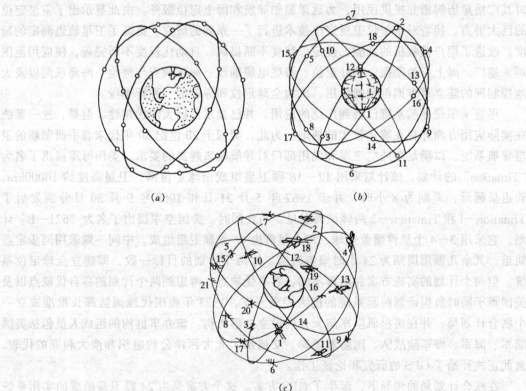

图 5-1　GPS 卫星的配置
(a) 原计划 24 颗卫星布置图；(b) 修改后 18 颗卫星布置图；
(c) GPS 工作卫星星座（于 1993 年建成）

第三阶段为实用组网阶段。1989年2月4日第一颗GPS工作卫星发射成功，宣告了GPS系统进入工程建设阶段。这种工作卫星称为Block II和Block II A卫星。这两组卫星的差别是：Block II A卫星增强了军事应用功能，扩大了数据存储容量；Block II卫星只能存储供14天用的导航电文（每天更新三次）；而Block II A卫星能存储供180天用的导航电文，确保在特殊情况下使用GPS卫星。实用的GPS网即(21+3)GPS星座已经建成，今后将根据计划更换失效的卫星。图5-1为GPS卫星的配置。

从GPS的提出到1993年建成，经历了20年，实践证实，GPS对人类活动影响极大，应用价值极高，所以得到美国政府和军队的高度重视，不惜投资300亿美元来建立这一工程，成为继阿波罗登月计划和航天飞机计划之后的第三项庞大空间计划。它从根本上解决了人类在地球上的导航和定位问题，可以满足各种不同用户的需要，给导航和定位技术带来了巨大的变化。

第二节　GPS定位系统的应用特点

一、自动化程度高

GPS定位技术减少了野外作业的时间和强度。用GPS接收机进行测量时，只要将天线准确地安置在测站上，主机可安放在测站不远处，亦可放在室内，通过专用通讯线与天线连结，接通电源，启动接收机，仪器即自动开始工作。结束测量时，仅需关闭电源，取下接收机，便完成了野外数据采集任务。如果在一个测站上需作较长时间的连续观测，目前有的接收机（如Ashtech Z12型）可贮存连续三天的观测数据；还可以实行无人值守的数据采集，通过数据通讯方式，将所采集的GPS定位数据传递到数据处理中心，实现全自动化的GPS测量与计算。

二、观测速度快

目前，(21+3)颗GPS工作卫星已全部发射升空，加上先前发射的试验卫星中仍有两颗继续正常工作，一测站上可以同时观测高达5～8颗。因此，用GPS接收机作静态相对定位（边长小于15km）时，采集数据的时间可缩短到1h左右，即可获得基线向量，精度为±(5mm+1ppm×D)，两台仪器每天正常作业可测4条边。如果采用快速定位软件，对于双频接收机，仅需采集5min左右的时间；对于单频接收机，只要能观测到5颗卫星，也仅需采集15min左右的时间，便可达到上述同样的精度，作业进度更快。同济大学测量系用两台Wild200型接收机建立GPS控制网，仅花4个工作日就测完了全网的27个点。可见，用GPS定位技术建立控制网，作业迅速，比常规手段（包括造标）快2～5倍。

三、定位精度高

大量试验表明，GPS卫星相对定位测量精度高，定位计算的内符合与外符合精度均符合(5mm+1ppm×D)的标称精度，二维平面位置都相当好，仅高差方面稍逊一些。用GPS相对定位结果，还可以推算出两测站的间距和方位角，精度也很好。据国内外10多年来的众多试验和研究表明：GPS相对定位，若方法合适、软件精良，则短距离(15km以内)精度可达厘米级或以下，中、长距离（几十千米至几千千米）相对精度可达到10^{-7}～10^{-8}。其精度是惊人的。

四、用途广泛

用 GPS 信号可以进行海空导航、车辆引行、导弹制导、精密定位、动态观测、设备安装、传递时间、速度测量等。GPS 定位技术应用于民用导航和测绘行业，可归纳如表 5-1 所示。

GPS 定位技术应用一览表　　　　　　　　表 5-1

1. 陆地导航		1. 地籍测量
2. 海上导航		2. 大地网加密
3. 航空导航	全球性	3. 高精度飞机定位
4. 空间导航	↓ GPS ↑	4. 无地面控制的摄影测量
5. 港湾导航	全天候	5. 变形监测
6. 内河导航	(24h)	6. 海道、水文测量
7. 旅游车导航		7. GPS 全站仪测量和主动控制站
8. 地面高精度测量		8. 全球或区域性高精度三维网
9. 机器人和其他机器引导		

五、经济效益高

据某些国外大地测量实测资料表明，用 GPS 定位技术建立大地控制网，要比常规大地测量技术节省 70%～80% 的外业费用，这主要是因为 GPS 卫星定位不要求站间通视，不必建立大量费时、费力、费钱的觇标。一旦 GPS 接收机价格不断下降，经济效益将愈益显著。

由于 GPS 定位技术具有速度快的特点（比常规方法快 2～5 倍），使工期大大缩短，由此产生的间接经济效益更是不可估量。

GPS 定位技术在其他方面（如海湾战争）的诸多应用，其产生的经济效益也是不言而喻的。

综上所述，GPS 定位技术较常规手段有明显的优势，而且它是一种被动系统，可为无限多个用户使用，信用度和抗干扰强，将来必然会基本上取代常规测量手段。GPS 定位技术与另两种精密空间定位技术——卫星激光测距（SLR）和甚长基线干涉（VLBI）测量系统相比，据近几年来全球网测量结果比较表明，其精度已能与 SLR、VLBI 相媲美，但 GPS 接收机轻巧方便、价格较低、时空密集度高，同样显示出 GPS 定位技术较之 SLR、VLBI 具有更优越的条件和更广泛的应用前途。

第三节　GPS 定位系统的组成

GPS 全球定位系统主要由三大部分组成，即空间星座部分（GPS 卫星星座）、地面监控部分和用户设备部分。

一、空间星座部分

（一）GPS 卫星星座

全球定位系统的空间星座部分，由 24 颗卫星组成，其中包括 3 颗可随时启用的备用卫星。工作卫星分布在 6 个近圆形轨道面内，每个轨道面上有 4 颗卫星。卫星轨道面相对地球赤道面的倾角为 55°，各轨道平面升交点的赤经相差 60°，同一轨道上两卫星之间的升交角距相差 90°。轨道平均高度为 20200km，卫星运行周期为 11 小时 58 分。同时在地平线以上的卫星数目随时间和地点而异,最少为4颗,最多时达11颗。

上述GPS卫星的空间分布,保障了在地球上任何地点、任何时刻均至少可同时观测到4颗卫星,加之卫星信号的传播和接收不受天气的影响,因此GPS是一种全球性、全天候的连续实时定位系统。

(二) GPS卫星及功能

GPS卫星的主体呈圆柱形,设计寿命为7.5年。主体两侧配有能自动对日定向的双叶太阳能集电板,为保证卫星正常工作提供电源;通过一个驱动系统保持卫星运转并稳定轨道位置。每颗卫星装有4台高精度原子钟(铷钟和铯钟各两台),以保证发射出标准频率(稳定度为$10^{-12} \sim 10^{-13}$),为GPS测量提供高精度的时间信息。

在全球定位系统中,GPS卫星的主要功能是:接收、储存和处理地面监控系统发射来的导航电文及其他有关信息;向用户连续不断地发送导航与定位信息,并提供时间标准、卫星本身的空间实时位置及其他在轨卫星的概略位置;接收并执行地面监控系统发送的控制指令,如调整卫星姿态和启用备用时钟、备用卫星等。

二、地面监控部分

GPS的地面监控系统主要由分布在全球的五个地面站组成,按其功能分为主控站(MCS)、注入站(GA)和监测站(MS)三种。

主控站一个,设在美国的科罗拉多的斯普林斯(Colorado Springs)。主控站负责协调和管理所有地面监控系统的工作,其具体任务有:根据所有地面监测站的观测资料推算编制各卫星的星历、卫星钟差和大气层修正参数等,并把这些数据及导航电文传送到注入站;提供全球定位系统的时间基准;调整卫星状态和启用备用卫星等。

注入站又称地面天线站,其主要任务是通过一台直径为3.6m的天线,将来自主控站的卫星星历、钟差、导航电文和其他控制指令注入到相应卫星的存储系统,并监测注入信息的正确性。注入站现有3个,分别设在印度洋的迭哥加西亚(Diego Garcia)、南太平洋的卡瓦加兰(Kwajalein)和南大西洋的阿松森群岛(Ascencion)。

监测站共有5个,除上述4个地面站具有监测站功能外,还在夏威夷(Hawaii)设有一个监测站。监测站的主要任务是连续观测和接收所有GPS卫星发出的信号并监测卫星的工作状况,将采集到的数据连同当地气象观测资料和时间信息经初步处理后传送到主控站。

三、用户设备部分

全球定位系统的用户设备部分,包括GPS接收机硬件、数据处理软件和微处理机及其终端设备等。

GPS信号接收机是用户设备部分的核心,一般由主机、天线和电源三部分组成。其主要功能是跟踪接收GPS卫星发射的信号并进行变换、放大、处理,以便测量出GPS信号从卫星到接收机天线的传播时间;解译导航电文,实时地计算出测站的三维位置,甚至三维速度和时间。GPS接收机根据其用途可分为导航型、大地型和授时型;根据接收的卫星信号频率,又可分为单频(L_1)和双频(L_1,L_2)接收机等。

在精密定位测量工作中,一般均采用大地型双频接收机或单频接收机。单频接收机适用于10km左右或更短距离的精密定位工作,其相对定位的精度能达5mm+1ppm·D(D为基线长度,以km计)。而双频接收机由于能同时接收到卫星发射的两种频率($L_1=$

1575.42MHz 和 L_2=1227.60MHz)的载波信号，故可进行长距离的精密定位工作，其相对定位的精度可优于 5mm十1ppm·D，但其结构复杂、价格昂贵。用于精密定位测量工作的 GPS 接收机，其观测数据必须进行后期处理，因此必须配有功能完善的后处理软件，才能求得所需测站点的三维坐标。

第四节　GPS 坐标系统

任何一项测量工作都离不开一个基准，都需要一个特定的坐标系统。例如，在常规大地测量中，各国都有自己的测量基准和坐标系统，如我国的 1980 年国家大地坐标系（C80）。由于 GPS 是全球性的定位导航系统，其坐标系统也必须是全球性的；为了使用方便，它是通过国际协议确定的，通常称为协议地球坐标系（Coventional Terrestrial System –CTS）。目前，GPS 测量中所使用的协议地球坐标系统称为 WGS-84 世界大地坐标系（World Geodetic System 84）。

WGS-84 世界大地坐标系的几何定义是：原点是地球质心，z 轴指向 BIH1984.0 定义的协议地球极（CTP）方向，x 轴指向 BIH1984.0 的零子午面和 CTP 赤道的交点，y 轴与 z 轴、x 轴构成右手坐标系，如图 5-2 所示。

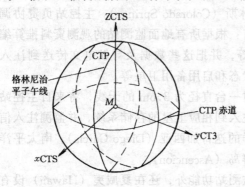

图 5-2　WGS-84 世界大地坐标系

上述 CTP 是协议地球极（Conventional Terrestrial Pole）的简称；由于极移现象的存在，地极的位置在地极平面坐标系中是一个连续的变量，其瞬时坐标（x_P，y_P）由国际时间局（Bureau International deI'Heure 简称 BIH）定期向用户公布。WGS-84 世界大地坐标系就是以国际时间局 1984 年第一次公布的瞬时地极（BIH1984.0）作为基准，建立的地球瞬时坐标系，严格来讲属准协议地球坐标系。

除上述几何定义外，WGS-84 还有它严格的物理定义，它拥有自己的重力场模型和重力计算公式，可以算出相对于 WGS-84 椭球的大地水准面差距。关于两坐标系之间坐标的互相转换方法，请参阅有关书籍。

在实际测量定位工作中，虽然 GPS 卫星的信号依据于 WGS-84 坐标系，但求解结果则是测站之间的基线向量或三维坐标差。在数据处理时，根据上述结果，并以现有已知点（三点以上）的坐标值作为约束条件，进行整体平差计算，得到各 GPS 测站点在当地现有坐标系中的实用坐标，从而完成 GPS 测量结果向 C80 或当地独立坐标系的转换。

第五节　GPS 定位的基本原理

利用 GPS 进行定位的基本原理，是以 GPS 卫星和用户接收机天线之间距离（或距离差）的观测量为基础，并根据已知的卫星瞬时坐标来确定用户接收机所对应的点位，即待定点的三维坐标（x，y，z）。由此可见，GPS 定位的关键是测定用户接收机天线至 GPS

卫星之间的距离。

GPS 进行定位的方法，根据用户接收机天线在测量中所处的状态来分，可分为静态定位和动态定位；若按定位的结果进行分类，则可分为绝对定位和相对定位。

所谓绝对定位，是在 WGS-84 坐标系中，独立确定观测站相对地球质心绝对位置的方法。相对定位同样在 WGS-84 坐标系中，确定的则是观测站与某一地面参考点之间的相对位置，或两观测站之间相对位置的方法。

所谓静态定位，即在定位过程中，接收机天线（待定点）的位置相对于周围地面点而言，处于静止状态。而动态定位正好与之相反，即在定位过程中，接收机天线处于运动状态，也就是说定位结果是连续变化的，如用于飞机、轮船导航定位的方法就属动态定位。

各种定位方法还可有不同的组合，如静态绝对定位、静态相对定位、动态绝对定位、动态相对定位等。

第六节 GPS 测量的实施

GPS 测量的外业工作主要包括选点、建立观测标志、野外观测以及成果质量检核等；内业工作主要包括 GPS 测量的技术设计、测后数据处理以及技术总结等。如果按照 GPS 测量实施的工作程序，则可分为技术设计、选点与建立标志、外业观测、成果检核与处理等阶段。

现将 GPS 测量中最常用的精密定位方法——静态相对定位方法的工作程序作一简单介绍。

一、GPS 网的技术设计

GPS 网的技术设计是一项基础性的工作。这项工作应根据网的用途和用户的要求来进行，其主要内容包括精度指标的确定和网的图形设计等。

（一）GPS 测量的精度指标

精度指标的确定取决于网的用途，设计时应根据用户的实际需要和可以实现的设备条件，恰当地确定 GPS 网的精度等级。精度指标通常以网中相邻点之间的距离误差 m_R 来表示，其形式为

$$m_R = \delta_0 + pp \cdot D \tag{5-1}$$

式中 D 为相邻点间的距离（km）。现将我国不同类级 GPS 网的精度指标列于表 5-2，供参阅。

各级 GPS 网的精度指标　　　　　表 5-2

类型	测量类型	常量误差 (mm)	比例误差 (ppm)
A	地壳形变测量或国家高精度 GPS 网	≤10	≤0.5
B	国家基本控制测量	≤15	≤2
C	控制网加密，城市测量，工程测量	≤25	≤5~50

（二）网形设计

GPS 网的图形设计就是根据用户要求，确定具体的布网观测方案，其核心是如何高

质量低成本地完成既定的测量任务。通常在进行GPS网设计时，必须顾及测站选址、卫星选择、仪器设备装置与后勤交通保障等因素；当网点位置、接收机数量确定以后，网的设计就主要体现在观测时间的确定、网形构造及各点设站观测的次数等方面。

二、选点与建立标志

由于GPS测量观测站之间不要求通视，而且网形结构灵活，故选点工作远较常规大地测量简便；并且省去了建立规标的费用，降低了成本。但GPS测量又有其自身的特点，因此选点时，应满足以下要求：点位应选在交通方便、易于安置接收设备的地方，且视野开阔，以便于同常规地面控制网的联测；GPS点应避开对电磁波接收有强烈吸收、反射等干扰影响的金属和其他障碍物体，如高压线、电台、电视台、高层建筑、大范围水面等。

点位选定后，应按要求埋置标石，以便保存。最后，应绘制点之记、测站环视图和GPS网选点图，作为提交的选点技术资料。

三、外业观测

外业观测是指利用GPS接收机采集来自GPS卫星的导航信号，其作业过程大致可分为天线安置、接收机操作和观测记录。外业观测应严格按照技术设计时所拟定的观测计划进行实施，只有这样，才能协调好外业观测的进程，提高工作效率，保证测量成果的精度。为了顺利地完成观测任务，在外业观测之前，还必须对所选定的接收设备进行严格的检验。

天线的妥善安置是实现精密定位的重要条件之一，其具体内容包括：对中、整平、定向并量取天线高。

接收机操作的具体方法步骤，详见仪器使用说明书。实际上，目前GPS接收机的自动化程度相当高，一般仅需按动若干功能键，就能顺利地自动完成测量工作；并且每做一步工作，显示屏上均有提示，大大简化了外业操作工作，降低了劳动强度。

观测记录的形式一般有两种：一种由接收机自动形成，并保存在机载存储器中，供随时调用和处理，这部分内容主要包括接收到的卫星信号、实时定位结果及接收机本身的有关信息。另一种是测量手簿，由操作员随时填写，其中包括观测时的气象元素等其他有关信息。观测记录是GPS定位的原始数据，也是进行后续数据处理的惟一依据，必须妥善保管。

四、成果检核与数据处理

观测成果的外业检核是确保外业观测质量，实现预期定位精度的重要环节。所以，当观测任务结束后，必须在测区及时对外业观测数据进行严格的检核；并根据情况采取淘汰或必要的重测、补测措施。只有按照规范

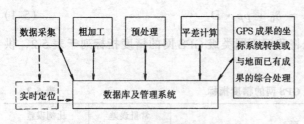

图5-3 GPS测量数据处理流程

要求，对各项检核内容严格检查，确保准确无误，才能进行后续的平差计算和数据处理。

前已叙及，GPS测量采用连续同步观测的方法，一般15秒钟自动记录一组数据，其数据之多、信息量之大是常规测量方法无法相比的；同时，采用的数学模型、算法等形式多样，数据处理的过程相当复杂。在实际工作中，借助于电子计算机，使得数据处理工作的自动化达到了相当高的程度，这也是GPS能够被广泛使用的重要原因之一。限于篇幅，

数据处理和整体平差的方法不作详细介绍，仅将 GPS 测量数据处理的基本流程，绘于图 5-3 以供参考。

第七节　GPS 定位技术的应用

GPS 定位技术以其高精度、速度快、费用省、操作简便等优良特性现在被广泛应用于测量、导航、公安、交通、军事等许多领域。

一、GPS 定位技术在测绘领域中的应用

GPS 定位技术的问世，导致了测量行业发生了根本性的变革。

GPS 定位技术在大地测量中的应用。大地测量的任务是：为地形测图和大型工程测量提供基本控制，为空间科学技术和军事用途提供有关数据，为研究地球形状大小和其他地球物理科学问题提供重要资料。为此，需建立全球覆盖的坐标系统一的高精度大地控制网。采用常规的测量手段虽然精度上能满足要求，但费力、费时，更重要的是所建立的大地控制网很难覆盖全球和坐标系统一，而 GPS 定位技术使之成为可能。且近年来的生产实践表明，GPS 定位测量完全可以达到常规大地测量的精度。

GPS 定位技术在工程测量中的应用。GPS 定位技术的许多优良特性引起了工程测量界的广泛关注。目前生产部门大都采用 GPS 定位技术进行道路、管道、建筑物、水利工程等施工放样和建筑物的变形监测等工作。近来，工程测量界的专家、学者又在探讨采用 GPS 定位技术进行精密工程测量和变形监测的可行性。为此，武汉大学测绘学院和长江水利委员会综合勘测局等单位都已经进行了测试。测试结果表明，随着 GPS 系统的不断完善，软件性能不断改进，只要采取一定的措施，利用 GPS 技术是可以满足精密工程测量和工程变形监测的要求的。

目前 GPS 定位技术在海洋测量、地形测量、航空摄影测量和地籍测量等诸方面都获得了广泛的应用。

GPS 定位技术在测量行业中的应用，节省了大量的人力、物力和财力，取得了较好的社会效益和经济效益。现在 GPS 定位测量正在逐步取代常规手段成为测量的主要方法，这标志着测量技术革命在向深度和广度方向发展。

二、GPS 定位技术在导航方面的应用

GPS 导航技术的出现，是航空、航海史上导航技术的重大突破。目前它在海上、空中和陆地运动目标的导航、监控和管理等方面的应用已极其广泛。

1994 年 9 月，美国已成功地利用 GPS 导航技术，进行了飞机进场与着陆的实验。实验结果表明，GPS 导航比传统的导航技术，更为精确、灵活和廉价，它将使飞机在能见度近为零的情况下，安全地起飞和着陆。

GPS 导航，既可以实时地提供运动载体的精确位置，并可在数字化航行图和地图上显示，也可以选择载体航行的最佳路线，从而可以大大地缩短航行时间，节约燃料，降低运营成本。

三、GPS 定位技术在公安、交通系统中的应用

随着我国城市建设规模的扩大，车辆日益增多，交通运输的经贸管理和合理调度，警用车辆的指挥和安全管理已成为公安、交通系统中的一个重要问题。过去，用于交通管理

系统的设备主要是无线电通信设备,由调度中心向车辆驾驶员发出调度命令,驾驶员只能根据自己的判断说出车辆所在的大概位置,而在生疏地带或在夜间则无法确认自己的方位甚至迷路,因此,从调度管理和安全管理方面,其应用受到限制。GPS 定位技术的出现,给车辆、轮船等交通工具的导航定位提供了具体的、实时的定位能力。通过车载 GPS 接收机使驾驶员能够随时知道自己的具体位置,通过车载电台将 GPS 定位信息发送给调度指挥中心,调度指挥中心便可及时掌握各车辆的具体位置,并在大屏幕电子地图上显示出来。

四、GPS 定位技术在军事上的应用

20 世纪 70 年代初,美国国防部为了研制一种陆、海、空三军通用的导航系统,在原来海军的"子午仪"导航系统基础上,发展了具有全球覆盖能力、能随时提供三维坐标(经度、纬度和海拔高度)的第二代卫星导航系统,即现在的 GPS 定位系统。

GPS 定位技术在军事上主要用于陆上定位、空中导航、搜索救援和精确制导。

陆上定位。以往陆上定位一般是依靠地貌判读和寻找参照物定点,时间长、误差大。而使用 GPS 系统,用户接收机可直接确定其所在位置,且不受天候、气象、视界、视度等条件的限制。作战时,将行军计划、攻击路线等数据输入 GPS 接收机,该机就能显示出到达下一个前进点的距离和方位,较好地保证作战行动的协调一致。该装置还可以用来计算敌方位置,以便进行近距离空中支援,引导火炮射击。在海湾战争中,美、英、法和沙特阿拉伯等国陆军共装备了 11800 套 GPS 接收机,有力地保障了在沙漠地形中的行动。

空中导航。GPS 定位系统可为作战飞机如实地提供飞行高度、速度、航向等,使飞机准确飞临目标。在飞机惯性导航系统战损或发生故障时,该系统是挽救飞机与飞行员的主要手段。此外,飞行员还可以利用 GPS 系统向友机和地面防空系统准确通报本机位置,较好地避免误伤。

搜索救援。GPS 系统用于搜索救援时,可大大缩小搜索范围,提高救援成功率。通常,GPS 系统用于搜索救援有两种方式。一是主动式,即救援分队装备机载或车载 GPS 接收机,密切监视救援范围内的情况,一旦有失事飞机附落,可迅速跟踪跳伞飞行员,准确预报或报告飞行员着陆地点。海湾战争中,法国一架装有 GPS 接收机的"美国豹"救援直升机就成功地救出了从 F-16 战斗机上跳伞的美国空军飞行员。二是被动式,即执行战斗任务的飞行员携带单兵 GPS 接收机,一旦飞机战损或发生故障跳伞后,可通过确定和发送自己的位置来召唤救援队或附近的已方部队。

精确制导。GPS 辅助惯性制导系统可大大提高制导武器的命中精度,尤其是对中远程制导武器系统效果更为明显。由于中远程导弹通常采用组合式制导方式,即中段惯性制导、末段红外成像制导。中段惯性制导误差较大,导弹飞行距离越远,误差越大,对末段制导的影响也就越大,从而使组合制导的精度下降。为解决这一问题,西方国家在一些导弹上安装了单通道 GPS 接收机,以随时测定导弹位置,提供修正偏差的数据,使导弹保持正确的弹道和姿态,准确命中目标。海湾战争中,美军使用的装有 GPS 接收机的"哈夫奈普"式精确制导导弹,专门用来消灭躲藏在地下掩体里的伊拉克士兵,给伊方带来了极大的威胁。

在海湾战争、阿富汗战争和伊拉克战争中,GPS 定位技术都显示出了明显的优越性,无论对进攻武器装备的精密导航和制导,还是对后勤保障,都发挥了至关重要的作用,充分显示了这一高新技术的巨大威力和潜力。且其使用范围仍在扩大，如在武器校射（GPS炮弹）、传感器布设、信息分布、指挥控制等领域里都将大有作为，从而对现代战争产生深刻影响。

GPS导航技术，将是未来军事装备的不可缺少的重要部分，成为保障现代战争胜利的关键技术之一。

思 考 题 与 习 题

1. "GPS"的含义是什么？
2. "GPS"定位系统的应用特点有哪些？
3. "GPS"定位系统由哪几部分组成？
4. 简述"GPS"测量的工作程序。

第六章 测量误差的基本知识

第一节 概 述

任何测量工作都是由观测者使用某种仪器、工具，按照一定的操作方法，在一定的外界条件下进行的。由于人的感觉器官的限制，仪器、工具也不可能十全十美，外界条件如有温度、湿度、风力、大气折光等影响，观测结果中会包含着误差。例如，往返丈量某段距离若干次，或重复观测某一角度，观测结果都不会一致。因此说，观测成果带有误差是不可避免的。

需要指出，误差不是错误（粗差）。错误是由于工作中粗心大意，违反操作规程造成的，错误是可以避免的。在测量工作中，除认真仔细作业外，还必须采用必要的检核措施，以杜绝错误的产生。例如，对距离进行往返测量，对角度进行重复观测，对几何图形进行必要的多余观测，用一定的条件来进行检核。

测量误差可以分为系统误差和偶然误差两大类。

一、系统误差

在一定观测条件下作一系列的观测，大小和符号都有明显规律性的误差叫系统误差。仪器、工具引起的误差基本上都是系统误差。例如，用名义长度30m而实际长度30.008m的钢尺量距，每丈量一尺段就有0.008m的误差。

系统误差能够积累，对测量成果影响很大，在实际工作中，必须采取各种方法消除其影响，或使其减小到对观测成果可以忽略不计的程度。系统误差一般可用以下方法进行处理：

（1）用计算方法加以改正。例如，通过尺长改正和温度改正来减弱尺长误差和温度对量距的影响；视距测量中，如果只用一个盘位观测竖直角，可对其竖直角结果加竖盘指标差改正来消除指标差的影响。

（2）用一定的观测方法加以消除。例如，水准测量中用前、后视距相等的方法消除 i 角的影响；角度观测时，用盘左、盘右观测值取中数的方法消除视准轴误差、横轴倾斜误差和竖盘指标差等的影响。

（3）将系统误差限制在一定范围内。例如，精确检校经纬仪，限制照准部水准管轴不垂直于竖轴的误差对水平角的影响。

二、偶然误差

在一定观测条件下作一系列观测，符号和大小均无明显规律性的误差叫偶然误差。观测时的读数误差、瞄准误差、仪器对中误差等，都是偶然误差。

偶然误差从表面上看没有规律性，但它具有统计学上的规律性，即具有以下四条特性：

（1）在一定观测条件下，偶然误差的绝对值不会超过一定的限度。

(2) 绝对值小的偶然误差比绝对值大的偶然误差出现的机会多。

(3) 绝对值相同的正负误差出现的机会相同。

(4) 同一量在观测精度相同的条件下观测，随着观测次数的无限增加，偶然误差的算术平均值趋于零。

对于偶然误差，既不能计算出它的大小和符号，也不能选用合理的观测方法来消除，只能运用误差理论来处理观测成果，从一组带有偶然误差的观测值中找出最可靠值并衡量观测精度。

有一些误差，不是可以简单地归入系统误差或偶然误差的。如水准测量时水准标尺未扶直，尺子倾斜程度和倾向方向没有明显的规律性，因而带有偶然误差的特性，但不管尺子怎样倾斜，都会使视线在水准标尺上的读数偏大，这对观测结果的影响又是系统影响。所以在分析误差性质时，要具体分析每一个误差的影响，不可一概而论。

第二节 衡量精度的指标

一、中误差

任何测量成果总是不可避免地带有误差，那么对于两组都带有误差的观测结果，应该怎样评价谁的观测质量高，谁的观测质量差呢？这就需要对观测精度进行衡量。

在测量上，通常用中误差作为衡量精度的指标。

中误差 m，是真误差的平方和的平均数的平方根，即

$$m = \pm \sqrt{\frac{[\Delta\Delta]}{n}} \tag{6-1}$$

式中　Δ 叫真误差，它是真值 X 与观测值 L 之差，即 $\Delta_i = X - L_i$；符号 [ ] 表示代数和，即

$$[\Delta\Delta] = \Delta_1^2 + \Delta_2^2 + \cdots\cdots + \Delta_n^2$$

真误差 Δ 与中误差 m 都表示精度的高低，但真误差 Δ 代表的是一个观测值的精度，中误差代表的是一系列观测所得到的一组观测值的精度，所有在该组中的观测值的精度均为 m。

例：对三角形的内角进行两组观测，根据两组观测值中的偶然误差（真误差），分别计算其中误差列于表 6-1。

二、相对误差

真误差 Δ 与中误差 m 都是绝对误差。衡量测量成果的精度，有时单用绝对误差还不能完全表示精度的优劣。例如分别丈量了 100m 和 200m 两段距离，中误差都是 ±0.02m。显然，不能认为这两段距离的丈量精度是相同的。为了更客观地衡量精度，需引入相对误差的概念。

中误差的绝对值与相应观测值之比，就叫相对中误差，可表示为

$$K = \frac{|m|}{D} \tag{6-2}$$

K 是一个不名数，通常用分子为 1 的分数来表示。上例中，前者的相对中误差为 $K_1 = 1/5000$，而后者的相对中误差则为 $K_2 = 1/10000$。后者的精度比前者高。

用观测值的真误差计算中误差 表 6-1

序号	第一组观测			第二组观测		
	观测值 l_i	真误差 Δ_i	Δ_i^2	观测值 l_i	真误差 Δ_i	Δ_i^2
1	179°59′59″	+1″	1	180°00′08″	−8″	36
2	179°59′58″	+2″	4	179°59′54″	−6″	36
3	180°00′02″	−2″	4	180°00′03″	−3″	9
4	179°59′57″	+3″	9	180°00′00″	0″	0
5	180°00′03″	−3″	9	179°59′53″	+7″	49
6	180°00′00″	0″	0	179°59′51″	+9″	81
7	179°59′56″	+4″	16	180°00′08″	−8″	64
8	180°00′03″	−3″	9	180°00′07″	−7″	49
9	179°59′58″	+2″	4	179°59′54″	+6″	36
10	180°00′02″	−2″	4	180°00′04″	−4″	16
Σ		−2″	60		−2″	404
中误差	$[\Delta\Delta]=60, n=10$ $m_1 = \pm\sqrt{\dfrac{[\Delta\Delta]}{n}} = \pm 2.5″$			$[\Delta\Delta]=404, n=10$ $m_2 = \pm\sqrt{\dfrac{[\Delta\Delta]}{n}} = \pm 6.4″$		

三、容许误差

中误差并不代表某一个别观测值的真误差的大小，但是中误差与被衡量值的真误差之间，存在着一定的统计学上的关系。由偶然误差的第一个特性可知，在一定观测条件下，偶然误差的绝对值不会超过一定的限值。根据误差理论和测量的实践证明，在一系列等精度观测误差中，绝对值大于中误差的偶然误差出现的个数约占 32%，绝对值大于两倍中误差的偶然误差出现的个数约占 5%，绝对值大于三倍中误差的偶然误差出现的个数仅占 0.3%。在观测次数不多的情况下，可以认为大于三倍中误差的偶然误差实际上是不可能出现的。因此以三倍中误差作为容许误差的极限，称为极限误差，即

$$\Delta_{极} = 3m \tag{6-3}$$

实际工作中，常以两倍中误差作为误差的容许值，称为容许误差，即

$$\Delta_{容} = 2m \tag{6-4}$$

如果观测值中出现了超过 2m 的误差，说明观测值中包含着错误或者系统误差，可以认为该观测值不可靠，应舍去不用。

第三节 观测值的精度评定

一、算术平均值

对某个未知量进行一系列的等精度观测，取其算术平均值 x 作为该未知量的最可靠值。算术平均值又称最或然值，用公式表示为

$$x = \frac{[L]}{n} = \frac{1}{n}(L_1 + L_2 + \cdots\cdots + L_n) \tag{6-5}$$

下面来探讨等精度观测时算术平均值 x 作为某量的最或然值的合理性和可靠性。

设真值为 X，各观测值为 L_1、L_2……L_n，其相应的真误差为 Δ_1、Δ_2……Δ_n，则

$$\Delta_1 = X - L_1$$
$$\Delta_2 = X - L_2$$
$$\vdots$$
$$\Delta_n = X - L_n$$

将上述这组等式两端分别取和，得

$$[\Delta] = nX - [L]$$

将上式两端同时除以 n，得

$$\frac{[L]}{n} = X - \frac{[\Delta]}{n}$$

根据偶然误差的第四个特性，当观测次数 n 无限增大时，$\frac{[\Delta]}{n}$ 就趋近于零，因此

$$\frac{[L]}{n} = X$$

当观测次数是有限多次时，算术平均值最接近真值，因而它是最或然值。

二、用观测值的改正数计算中误差

实际工作中，并不能用（6-1）式计算中误差，因为在一般情况下，观测值的真值 X 是不可能知道的，也就不可能根据 $\Delta = X - L$ 去计算 Δ 与中误差 m 了。由上一节可知，在同样条件下对某量进行多次观测，可以计算其最或然值 x，并以 x 代替真值 X，就相当于将算术平均值 x 与观测值之差（观测值改正数）v_i（$v_i = x - L_i$）代替真误差 Δ_i。由此得到按观测值的改正数计算观测值的中误差的实用公式

$$m = \pm\sqrt{\frac{[vv]}{n-1}} \tag{6-6}$$

对于算术平均值 x，其中误差 m_x 可用下式计算

$$m_x = \pm\sqrt{\frac{[vv]}{n(n-1)}} \tag{6-7}$$

【例 1】 对某段距离进行了六次等精度丈量，观测数据见表 6-2，计算结果全部列入表中。

用观测值改正数计算中误差　　　　　　　　表 6-2

编号	观测值 L（m）	改正值 v（mm）	vv	计　算
1	125.544	+5	25	$x = \frac{[L]}{6}$
2	125.550	-1	1	$= 125.549$m
3	125.549	0	0	$m = \pm\sqrt{\frac{130}{6-1}}$
4	125.557	-8	64	$= \pm 5.1$mm
5	125.543	+6	36	$m_x = \pm\sqrt{\frac{130}{6\times 5}}$
6	125.551	-2	4	$= \pm 2.1$mm
	$x = 125.549$	$[v] = 0$	$[vv] = 130$	

第四节　观测值函数的精度评定

一、观测值函数的精度评定与误差传播定律

对一未知量进行一系列观测，得到一组观测值，可以根据这组观测值计算出该未知量的最或然值，评定观测精度。如果未知量不是观测值本身，而是由一些观测值，通过一定的函数关系计算出的。例如，欲测量不在同一水平面上两点间的水平距离 D，可以用光电测距仪测量斜距 D'，并用经纬仪测量竖直角 α，则 $D = D'\cos\alpha$。斜距和竖直角 α 的中误差是已知的，函数值 D 的中误差，可以根据斜距和竖直角的中误差及函数关系计算出来。这种根据观测值的中误差和函数关系，计算观测值函数的中误差，叫作误差传播定律。

设有函数

$$s = f(x_1, x_2 \cdots\cdots x_n)$$

式中 $x_1, x_2 \cdots\cdots x_n$ 为可直接观测的相互独立的未知量，则函数值 s 的中误差 m_s 为

$$m_s = \pm \sqrt{\left(\frac{\partial f}{\partial x_1}\right)^2 m_1^2 + \left(\frac{\partial f}{\partial x_2}\right)^2 m_2^2 + \cdots\cdots + \left(\frac{\partial f}{\partial x_n}\right)^2 m_n^2} \tag{6-8}$$

式中 $\dfrac{\partial f}{\partial x_i}$ 为函数 f 对各个变量的偏导数。

(6-8) 式最普遍地表达了误差传播的规律，常见的和差函数、倍数函数等，是其特定的形式。

二、和差函数的中误差

对于和差函数 $y = x_1 + x_2$ 和 $y = x_1 - x_2$，观测值 x_1、x_2 的中误差为 m_{x1}、m_{x2}，函数 y 的中误差为 m_y，则

$$m_y = \pm \sqrt{m_{x1}^2 + m_{x2}^2}$$

同理，若 $y = x_1 \pm x_2 \pm x_3 \pm \cdots\cdots \pm x_n$，则

$$m_y = \pm \sqrt{m_{x1}^2 + m_{x2}^2 + \cdots\cdots + m_{xn}^2} \tag{6-9}$$

即多个直接观测值的代数和的中误差，等于各个观测值中误差的平方和的平方根。

特殊情况下，当 n 个直接观测值具有同样的中误差 m 时，即 $m_{x1} = m_{x2} = \cdots\cdots = m_{xn} = m$，式 (6-9) 变为

$$m_y = \pm \sqrt{n}\, m \tag{6-10}$$

即 n 个等精度观测值的代数和的中误差，是观测值中误差的 $\sqrt{n}$ 倍。

【例2】　如图6-1，在水准路线 $A \rightarrow B \rightarrow C$ 中，已知两测段观测高差的中误差 $m_{hAB} = \pm 75\text{mm}$，$m_{hBC} = \pm 66\text{mm}$，试求高差 h_{AC} 的中误差。

解： 因为 $h_{AC} = h_{AB} + h_{BC}$
所以由式 (6-9) 得

$$m_{hAC} = \pm \sqrt{m_{hAB}^2 + m_{hBC}^2}$$
$$= \sqrt{75^2 + 66^2} = \pm 99.9\text{mm}$$

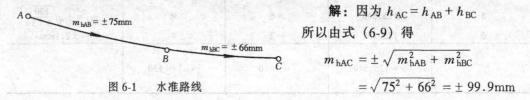

图6-1　水准路线

同样，一测段水准路线的高差等于每一测站高差的代数和。即
$$h = h_1 + h_2 + \cdots\cdots + h_n$$
设每一测站的观测精度均为 $m_{站}$，则路线高差的中误差为
$$m_n = \pm\sqrt{n}\, m_{站}$$
可见水准测量的误差与测站数有关。

三、倍数函数的中误差

对于倍数函数
$$y = kx$$
式中 k 为常数；x 为独立观测值，其中误差为 m_x。根据误差传播定律，则有
$$m_y = km_x \tag{6-11}$$
即常数与直接观测值之乘积的中误差，等于常数与直接观测值的中误差的乘积。因此，我们就容易明白，施工测量中为什么较少采用视距测量的方法来量测距离的道理。因为距离中误差 m_D 是由标尺间隔观测误差 m_l 确定，即 $m_D = 100 m_l$，标尺间隔的误差被放大了100倍成为距离误差 m_D。

四、线性函数的中误差

线性函数的一般形式为
$$y = K_1 x_1 + K_2 x_2 + \cdots\cdots + K_n x_n$$
式中 $x_1、x_2\cdots\cdots x_n$ 为直接观测值，其中误差分别为 $m_{x1}、m_{x2}\cdots\cdots m_{xn}$，按误差传播定律，函数 y 的中误差为
$$m_y = \pm\sqrt{K_1^2 m_{x1}^2 + K_2^2 m_{x2}^2 + \cdots\cdots + K_n^2 m_{xn}^2} \tag{6-12}$$

在等精度观测时，最或然值是算术平均值，即 $x = \dfrac{[L]}{n} = \dfrac{L_1}{n} + \dfrac{L_2}{n} + \cdots + \dfrac{L_n}{n}$。如果观测值 L_i 的中误差 m 是知道的，那么算术平均值 x 的中误差 M 为
$$M = \frac{m}{\sqrt{n}} \tag{6-13}$$

从（6-13）式中可以看出，算术平均值中误差 M 为观测值中误差 m 的 $\dfrac{1}{\sqrt{n}}$ 倍，因此增加观测次数可以提高算术平均值的精度，即提高观测精度。

【例3】 一台经纬仪观测水平角，一测回观测中误差为 $\pm 6''$，如要用此经纬仪测角精度达到 $\pm 2''$，应观测几个测回？

解： 由题意 $m = \pm 6''$，$M = \pm 2''$

根据
$$M = \frac{m}{\sqrt{n}}$$

则 $n = \left(\dfrac{m}{M}\right)^2 = \left(\dfrac{6}{2}\right)^2 = 9$（测回）

需要指出的是，当观测次数达到一定数量后，再增加观测次数，工作量增加较多而提高精度的效果就不太明显，故不能单纯以增加观测次数来提高观测精度，应设法提高观测值本身的精度，例如采用精度较高的仪器进行观测。

思考题与习题

1. 偶然误差与系统误差有什么不同？偶然误差有哪些特性？
2. 为什么说观测值的算术平均值是最可靠值？
3. 说明在什么情况下采用中误差衡量测量的精度？在什么情况下则用相对误差？
4. 某直线段丈量了四次，其结果为：124.387m、124.375m、124.393m、124.385m，试计算其算术平均值、观测值中误差、算术平均值的中误差和相对中误差。
5. 用 DJ_6 型经纬仪对某一水平角进行了五个测回观测，其角度为：131°18′12″、131°18′15″、131°18′21″、131°18′15″、131°18′03″，试计算这一水平角的算术平均值、观测值的中误差和算术平均值的中误差。
6. 在一个三角形中，观测了两个内角 α 和 β，其中误差为 $m_\alpha = \pm 6″$、$m_\beta = \pm 9″$，第三个角度 γ 由 α 和 β 求算，试求 γ 角的中误差 m_γ。
7. 在比例尺为 1:1000 的地形图上量得一圆半径 $R = 125.3 \pm 0.5$mm，求实地圆周长的中误差。
8. 水准测量中，一次读数受到气泡整平误差、目标瞄准误差、读数估读误差以及水准尺刻划误差等共同影响。若设 $m_{整平} = \pm 1.2$mm、$m_{瞄准} = \pm 0.8$mm、$m_{估读} = \pm 0.5$mm、$m_{刻划} = \pm 0.3$mm，试求一次读数的中误差 $m_{读}$。

第七章 小地区控制测量

第一节 概 述

在第一章中已经指出,测量工作必须遵循"从整体到局部,先控制后碎部"的原则,先建立控制网,然后根据控制网进行碎部测量或测设。控制网分为平面控制网和高程控制网两种。测定控制点平面坐标值(x,y)所进行的测量,称为平面控制测量,对测定控

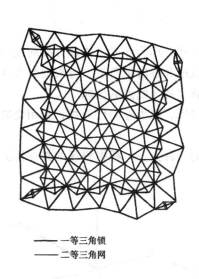

—— 一等三角锁
—— 二等三角网

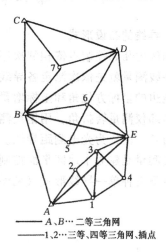

—— A、B…二等三角网
—— 1、2…三等、四等三角网、插点

图 7-1 国家三角网

制点的高程值所进行的测量称为高程控制测量。国家控制网是在全国范围内建立的控制网,它是全国各种比例尺测图的基本控制,并为确定地球的形状和大小提供研究资料。国家控制网是用精密测量仪器和方法,按一、二、三、四等四个等级逐级控制建立的。如图7-1、图7-2所示。

在城市或工矿地区,一般应在国家控制点的基础上,根据测区的大小、城市规划和施工测量的要求,布设不同等级的城市平面控制网,以供测图和施工放样使用。其中平面控制多采用导线测量或GPS测量方法。城市导线等级依次为三等、四等、一级、二级、三级;GPS测量等级依次为C级、D级、E级、F级。高程控制一般采用水准测量的方法,分为二、三、四等水准测量。城市或工矿区控制测量,应根据其面积范围和控制要求确定测区首级平面控制和高程控制的测量等级,并在此基础上逐级加密。

══ 一等水准路线
── 二等水准路线
── 三等水准路线
--- 四等水准路线

图 7-2 国家水准网

71

国家控制点的精度较高，但密度较小，仅依据这些控制点来测图或测设，控制点数量显然是不够的。因此，需要在基本控制点基础上，进一步加密足够的、精度较低的但能满足测图需要的控制点，这些点就叫做图根控制点。测定图根点位置的工作，称为图根控制测量。

图根控制测量一般通过观测角度、边长和高差等数据，计算出图根点的坐标和高程。图根点的密度，取决于测图比例尺和地物、地貌的复杂程度，一般情况下应保证每幅图内有10~15个图根控制点。直接由基本控制点（等级控制点）扩展的图根点，叫一级图根控制点。在一级图根点上再扩展一次，就是二级图根控制点。图根平面控制测量一般采用图根导线、测角交会、距离交会等形式，高程控制采用普通水准测量或三角高程测量。

第二节 导 线 测 量

一、导线的布设形式

将测区内相邻控制点依相邻次序连成折线形式，称为导线。构成导线的控制点称为导线点。导线测量就是依次测定各导线边的水平长度和各转折角值，再根据起算点坐标，推算各导线边的坐标方位角和坐标增量，从而求算出各导线点的坐标。

用经纬仪测量转折角，用钢尺测定边长的导线，称为经纬仪导线；若用光电测距仪测定导线边长，则称为光电测距导线。

导线测量是建立小地区平面控制网最常用的一种方法。根据测区的具体情况，导线可布设为以下三种单一导线形式（见图7-3）。

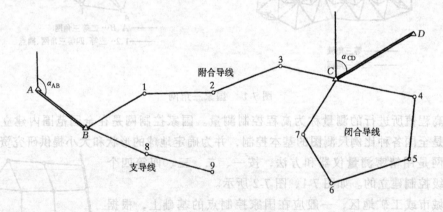

图7-3 单一导线布设形式

1. 闭合导线

以已知基本控制点C、D中的C点为起始点，并以CD边的坐标方位角α_{CD}为起始方位角，经过4、5、6、7点仍回到起始点C，形成环形的导线称为闭合导线。

2. 附合导线

以已知控制点A、B中的B点为起始点，以AB边的坐标方位角α_{AB}为起始方位角，经过1、2、3点，附合到另两个已知控制点C、D中的C点，并以CD边的坐标方位角α_{CD}为终边坐标方位角，这样在两个已知控制点之间布设的导线称为附合导线。

3. 支导线

由已知控制点 B 出发延伸出去，既不附合到另一已知控制点，也不闭合到原来的控制点上的导线，称为支导线。由于支导线缺乏检核，故其边数和总长都有限制。

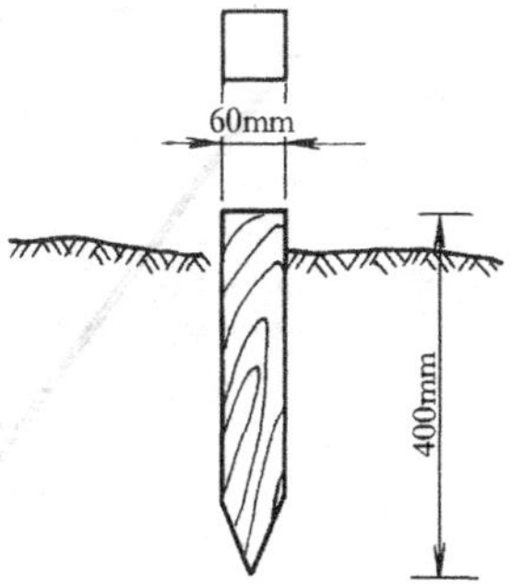

二、导线测量的外业工作

导线测量的外业工作包括：踏勘选点及建立标志、量边、测角和连测。

1. 踏勘选点及建立标志

在踏勘选点前，应调查收集测区已有的地形图和国家等级控制点的成果资料，把控制点展绘在地形图上，然后在地形图上拟定导线的布设方案，最后到野外踏勘，实地核对、修改、确定实地点位。如果测区没有地形图资料，则需详细踏勘现场，根据已知控制点的分布、测区地形以及实际需要，在实地选定导线点位置。

图 7-4 （临时）导线点的埋设

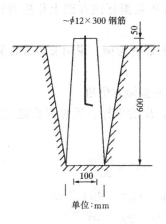

导线点选定后，要在每个点位上打下木桩，并在桩顶钉一小铁钉，作为临时性标志，见图 7-4。在城市道路上的临时图根点，可在地面打入顶端刻有"十"字的钢钉。若导线点需要保存的时间较长，就要埋设混凝土桩（图 7-5），桩顶刻"十"字，作为永久性标志。导线点应统一编号。为了便于寻找，应绘出"点之记"，即量出导线点与附近明显而固定的地物点的拴距，并将尺寸标注在草图上（如图7-6）。

2. 量边

导线边长可用光电测距仪测定，并同时观测竖直角，供倾斜改正用。若用钢尺丈量，钢尺须经过检定。一、二级导线须用精密方法丈量；图根导线用一般方法往返丈量，相对误差不大于 1/3000 时，取其平均值，如果钢尺倾斜超过 1.5% 时，还应加倾斜改正。

图 7-5 一、二级导线点的埋设

3. 测角

用测回法施测导线的左角（位于导线前进方向左侧的角）或右角（位于导线前进方向右侧的角）。在附合导线或支导线中，一般测量导线的左角，在闭合导线中测量闭合图形的内角。图根导线一般用 DJ_6 型经纬仪观测一测回。

测角时，为了便于瞄准，可用测钎、觇牌作为照准标志，或在照准点上用仪器脚架吊一垂球作为照准标志。

4. 连测

如图 7-7，导线与基本控制点连接，必须观测连接角 β_B、β_1 及连接边 $B1$ 的边长 D_{B1}，以传递坐标方位角和坐标。如果导线附近无高级控制点，也可采用独立平面直角坐标，即假定导线起点的坐标，用罗盘仪测出导线起始边的磁方位角，作为起算数据。

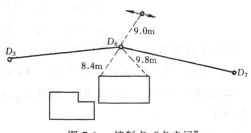

图 7-6 控制点"点之记"

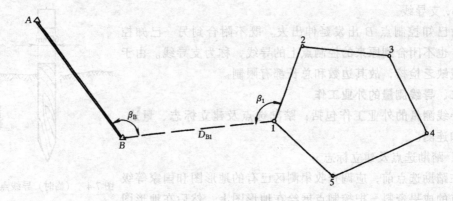

图 7-7 导线连测

三、支导线的内业计算

导线测量内业计算的目的就是求得各导线点的坐标。计算前,应对导线测量外业记录进行全面检查,核对起算数据是否准确,并绘制略图,把各项数据标注在图上相应的位置,如图 7-8。

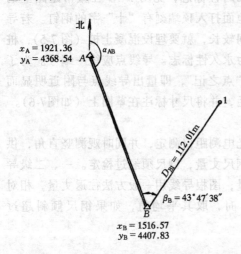

图 7-8 支导线实测数据

现以图中的实测数据为例,说明支导线计算的步骤。

1. 计算起始边的坐标方位角

根据控制点 A、B 的坐标,反算起始边 AB 的坐标方位角 α_{AB}。

$$\alpha_{AB} = \text{arctg}\frac{\Delta y_{AB}}{\Delta x_{AB}} \qquad (7\text{-}1)$$

式中 $\Delta x_{AB} = x_B - x_A = -404.79\text{m}$

$\Delta y_{AB} = y_B - y_A = 39.29\text{m}$

式 (7-1) 中,等式左边的坐标方位角,其角值范围为 $0° \sim 360°$,而等式右边的反正切函数,其角值范围为 $-90° \sim +90°$,两者是不一致的。所以当按 (7-1) 式计算方位角时,从计算器上得到的是象限角角值 ($-5°32'38''$),还应根据坐标增量 Δx_{AB}、Δy_{AB} 的正负号,按表 4-3 换算成相应的坐标方位角 α_{AB} ($174°27'22''$)。

2. 推算导线边的坐标方位角

根据起始边的已知坐标方位角,按下列公式推算导线边的坐标方位角

$$\alpha_{前} = \alpha_{后} + \beta_{左} - 180°（适用于测左角） \qquad (7\text{-}2)$$

或

$$\alpha_{前} = \alpha_{后} - \beta_{右} + 180°（适用于测右角） \qquad (7\text{-}3)$$

本例中观测角 β_B 为左角,按 (7-2) 式推算出 B1 边的坐标方位角

$\alpha_{B1} = \alpha_{AB} + \beta_B - 180° = 174°27'22'' + 43°47'38'' - 180° = 38°15'00''$

在应用式 (7-2)、(7-3) 时,如果 $\alpha_{前} > 360°$ 时,则应减去 360°;如果 $\alpha_{前} < 0°$,则应加上 360°。

3. 坐标增量计算

从图 7-9 可以看出，坐标增量的计算公式为

$$\left.\begin{array}{l}\Delta x_{B1} = D_{B1}\cos\alpha_{B1} \\ \Delta y_{B1} = D_{B1}\sin\alpha_{B1}\end{array}\right\} \quad (7-4)$$

式中 Δx、Δy 的正负号，由 $\cos\alpha$ 及 $\sin\alpha$ 的正负号决定。按上式可求算出 $\Delta x_{B1} = 87.96$m，$\Delta y_{B1} = 69.34$m（图根导线计算结果取位至 cm）。

4．计算导线点坐标

根据起算点 B 的坐标，按下式推算 1 点坐标

$$\left.\begin{array}{l}x_1 = x_B + \Delta x_{B1} \\ y_1 = y_B + \Delta y_{B1}\end{array}\right\} \quad (7-5)$$

由此可得 $x_1 = 1604.53$m，$y_1 = 4477.17$m。

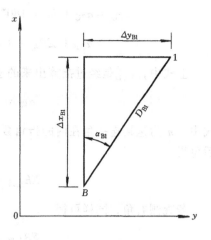

图 7-9 坐标增量计算

这里顺便指出，上面介绍的根据已知点的坐标、已知边长和已知坐标方位角计算待定点坐标的方法，称为坐标正算。如果已知两点的平面直角坐标，计算其坐标方位角和边长，则称为坐标反算。两点间的边长计算式为

$$D_{AB} = \sqrt{(\Delta x_{AB})^2 + (\Delta y_{AB})^2} \quad (7-6)$$

图 7-8 中 A、B 两点的距离则为 406.69m。

四、附合导线坐标计算

现以图 7-10 中的实测数据为例，说明附合导线坐标计算的步骤：

1．整理观测结果

将校核过的外业观测数据及起算数据填入"附合导线坐标计算表"（表 7-1）中，起算数据用双线标明。

2．角度闭合差的计算与调整

如图 7-10 所示的附合导线，已知起始边 AB 的坐标方位角 α_{AB} 和终边 CD 的坐标方位

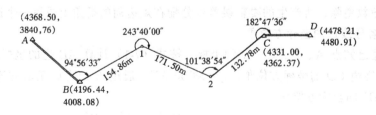

图 7-10 附合导线实测数据

角 α_{CD}。观测所有的左角（包括连接角 β_B 和 β_C），由（7-2）式有

$$\alpha_{B1} = \alpha_{AB} + \beta_B - 180°$$

$$\alpha_{12} = \alpha_{B1} + \beta_1 - 180° = \alpha_{AB} + \beta_B + \beta_1 - 2 \times 180°$$

$$\alpha_{2C} = \alpha_{12} + \beta_2 - 180° = \alpha_{AB} + \beta_B + \beta_1 + \beta_2 - 3 \times 180°$$

75

$$\alpha_{CD} = \alpha_{2C} + \beta_C - 180° = \alpha_{AB} + \beta_B + \beta_1 + \beta_2 + \beta_C - 4 \times 180°$$
$$= \alpha_{AB} + \Sigma\beta_左 - 4 \times 180°$$

上式中，α_{CD}是经过推算出来的坐标方位角值，若将其写成一般公式则为

$$\alpha_终 = \alpha_始 + \Sigma\beta_左 - n \times 180° \tag{7-7}$$

式中 n 为包括连接角在内的折角数。满足上式的 $\Sigma\beta_左$ 即为其理论值$\Sigma\beta_{左理}$。将上式整理后可得

$$\Sigma\beta_{左理} = \alpha_终 - \alpha_始 + n \times 180° \tag{7-8}$$

若观测右角，同样可得

$$\Sigma\beta_{右理} = \alpha_始 - \alpha_终 + n \times 180° \tag{7-9}$$

由于观测角度不可避免地含有误差，使得实际测量出的导线折角之和 $\Sigma\beta_测$ 不等于 $\Sigma\beta_理$，两者的差数，叫做角度闭合差 f_β，其计算式为

$$f_\beta = \Sigma\beta_测 - \Sigma\beta_理 \tag{7-10}$$

根据上式，可以计算出附合导线的角度闭合差

$$f_\beta = \Sigma\beta_{左测} - \Sigma\beta_{左理} = \Sigma\beta_{左测} - (\alpha_终 - \alpha_始 + n \times 180°) \tag{7-11}$$

或
$$f_\beta = \Sigma\beta_{右测} - \Sigma\beta_{右理} = \Sigma\beta_{右测} - (\alpha_始 - \alpha_终 + n \times 180°) \tag{7-12}$$

附合导线角度闭合差也可称为方位角闭合差。图根导线角度闭合差的容许值 $f_{\beta容}$ 一般为 $\pm 40''\sqrt{n}$（n 为折角数）。若闭合差在容许范围内，则可将闭合差反符号平均分配到各观测角度中。各观测角的改正数 $V_{\beta i}$ 的计算式为

$$V_{\beta i} = -\frac{f_\beta}{n} \tag{7-13}$$

角度闭合差 f_β 的计算可在计算表格的下方进行。实例中 $f_\beta = +31''$，$n = 4$，所以 $V_{\beta i} \approx -8''$。将角度改正数和改正后的角度填入表7-1中的第（3）、（4）栏。由于角度闭合差不能被折角数整除，所产生的凑整误差可分配在短边前的折角上或后一个连接角上。

3. 推算各导线边的坐标方位角

首先根据已知点 A、B、C、D 的坐标，按式（7-1）计算 AB 边的坐标方位角 $\alpha_{AB}=135°48'01''$，终边 CD 的坐标方位角 $\alpha_{CD}=38°50'33''$，通过 B 点上改正后的连接角 β_B，推算出导线边 $B1$ 的坐标方位角

$$\alpha_{B1} = \alpha_{AB} + \beta_B - 180° = 50°44'26''$$

同样可推求出导线边12、2C、CD 的坐标方位角，填入表7-1中的第（5）栏。

$$\alpha_{12} = \alpha_{B1} + \beta_1 - 180° = 114°24'18''$$
$$\alpha_{2C} = \alpha_{12} + \beta_2 - 180° = 36°03'04''$$
$$\alpha_{CD} = \alpha_{2C} + \beta_3 - 180° = 38°50'23''$$

推求出的 α_{CD} 应与经 C、D 坐标反算出的坐标方位角一致，计算时应进行检核，否则需查明原因后重新计算。

附合导线坐标计算表 表 7-1

点号	观测角(左角)	改正数	改正角	坐标方位角	距离	坐标增量		改正后增量		坐标	
						Δx	Δy	Δx	Δy	x	y
	(° ′ ″)	(″)	(° ′ ″)	(° ′ ″)	(m)	(m)	(m)	(m)	(m)	(m)	(m)
(1)	(2)	(3)	(4)	(5)	(6)	(7)	(8)	(9)	(10)	(11)	(12)
A				135 48 01						4368.50	3840.76
B	94 56 33	−8	94 56 25							4196.44	4008.08
				50 44 26	154.86	+2 +98.00	+2 +119.91	+98.02	+119.93		
1	243 40 00	−8	243 39 52							4294.46	4128.01
				114 24 18	171.50	+3 −70.86	+2 +156.18	−70.83	+156.20		
2	101 38 54	−8	101 38 46							4223.63	4284.21
				36 03 04	132.78	+2 +107.35	+2 +78.14	+107.37	+78.16		
C	182 47 36	−7	182 47 29							4331.00	4362.37
				38 50 33							
D										4478.21	4480.91
Σ	623 03 03		623 02 22		459.14	+134.49	+354.23				

辅助计算：

$\Sigma\beta_{测} = 623°03'03''$ $\Sigma D = 459.14\text{m}$

$\Sigma\beta_{理} = \alpha_{终} - \alpha_{始} + n\times 180° = 623°02'32''$ $\Sigma\Delta x_{理} = x_{终} - x_{始} = +134.56\text{m}$ $\Sigma\Delta y_{理} = y_{终} - y_{始} = +354.29\text{m}$

$f_\beta = \Sigma\beta_{测} - \Sigma\beta_{理} = +31''$ $f_x = \Sigma\Delta x - \Sigma\Delta x_{理} = -0.07\text{m}$ $f_y = \Sigma\Delta y - \Sigma\Delta y_{理} = -0.06\text{m}$

$V_{\beta i} = -f_\beta/n = -8''$ $f_D = \sqrt{f_x^2 + f_y^2} = 0.092\text{m}$ $K = \dfrac{f_D}{\Sigma D} \approx 1/5000 < 1/2000$（合格）

$f_{\beta容} = \pm 40''\sqrt{4} = \pm 80''$（合格）

4．坐标增量的计算及其闭合差的调整

(1) 坐标增量的计算　根据各导线边的边长及推求出的坐标方位角，按式 (7-4) 计算坐标增量，填入表 7-1 中 (7)、(8) 栏中。

(2) 坐标增量闭合差的计算与调整　图 7-10 的附合导线中，

$$\Delta x_{B1} = x_1 - x_B$$
$$\Delta x_{12} = x_2 - x_1$$
$$\Delta x_{2C} = x_C - x_2$$

将以上各式左、右分别相加，得

$$\Sigma\Delta x = x_C - x_B$$

写成一般公式为

$$\Sigma\Delta x_{理} = x_{终} - x_{始} \tag{7-14}$$

同样可得

$$\Sigma\Delta y_{理} = y_{终} - y_{始} \tag{7-15}$$

即：附合导线的坐标增量代数和的理论值等于终、始两点的已知坐标值之差。

实际上，由于边长丈量存在着误差，导线边的方位角虽是由改正后的折角推算的，但角度改正是一种简单的平均配赋，不可能将角度测量误差完全消除，所以改正后的方位角中仍然还有误差,因此往往使 $\Sigma\Delta x_{测}$、$\Sigma\Delta y_{测}$ 不等于 $\Sigma\Delta x_{理}$、$\Sigma\Delta y_{理}$,从而产生纵坐标增量闭合差 f_x 与横坐标增量闭合差 f_y,即

$$\left.\begin{array}{l} f_x = \Sigma\Delta x_{测} - \Sigma\Delta x_{理} = \Sigma\Delta x_{测} - (x_{终} - x_{始}) \\ f_y = \Sigma\Delta y_{测} - \Sigma\Delta y_{理} = \Sigma\Delta y_{测} - (y_{终} - y_{始}) \end{array}\right\} \quad (7\text{-}16)$$

从图 7-11 看出,由于 f_x、f_y 的存在,使推算出的 C' 点与已知点 C 的水平位置不重合。$C-C'$ 的长度 f_D 称为导线全长闭合差。

$$f_D = \sqrt{f_x^2 + f_y^2} \quad (7\text{-}17)$$

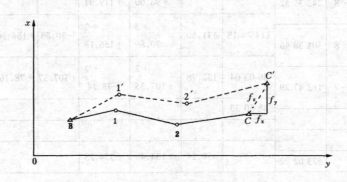

图 7-11 导线全长闭合差

由于 f_D 的大小与导线长度成正比,因此,与用相对误差表示距离丈量精度一样,将 f_D 与导线全长 ΣD 相比,并化作分子为 1 的分数来表示导线全长相对闭合差,即

$$K = \frac{f_D}{\Sigma D} = \frac{1}{\frac{\Sigma D}{f_D}} \quad (7\text{-}18)$$

f_x、f_y、f_D 及 K 的计算均可在计算表格的下方进行。

图根导线相对闭合差 K 的限值一般为 1/2000,若不超限,则将 f_x、f_y 按与导线边长成正比的原则反符号分配到各边的纵、横坐标增量中去。以 v_{xi}、v_{yi} 分别表示第 i 边的纵、横坐标增量改正数,则

$$\left.\begin{array}{l} v_{xi} = -\dfrac{f_x}{\Sigma D} \cdot D_i \\ v_{yi} = -\dfrac{f_y}{\Sigma D} \cdot D_i \end{array}\right\} \quad (7\text{-}19)$$

纵、横坐标增量改正数之和应满足下式

$$\left.\begin{array}{l} \Sigma v_x = -f_x \\ \Sigma v_y = -f_y \end{array}\right\} \quad (7\text{-}20)$$

计算出的各边坐标增量改正数(取到 cm)填入表 7-1 中的第(7)、(8)两栏坐标增量计算值的右上方。由于凑整误差的影响,使式(7-20)不能完全满足时,一般可将其差数分配给长边。

5．计算各导线点的坐标

根据起点 B 的已知坐标及改正后各边的纵、横坐标增量，按式（7-5）依次推算 1、2 点的坐标，并填入表 7-1 中的第（11）、（12）两栏。最后还应推算终点 C 的坐标，其值应与已知坐标相等，以作校核。

五、闭合导线坐标计算

闭合导线实质上是附合导线的一种特殊形式，当导线的起点和终点为同一点时，即为闭合导线。

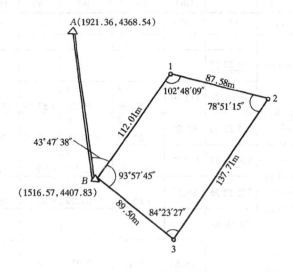

图 7-12　闭合导线实测数据

闭合导线的计算步骤和方法，与附合导线基本相同。只是由于图形不同，使角度闭合差及坐标增量闭合差在计算上与附合导线有差别。下面着重介绍其不同点。

1．角度闭合差 f_β 的计算

闭合导线的方位角推算是由一条已知边开始，且导线的折角习惯上规定应观测闭合多边形的内角。故闭合导线角度闭合差的计算公式应为

$$f_\beta = \Sigma\beta - (n - 2) \times 180° \tag{7-21}$$

式中　n 为闭合导线的边数。

2．坐标增量闭合差 f_x、f_y 的计算

附合导线的坐标推算是由一个已知点附合于另一个已知点，而闭合导线是由一个已知点开始，闭合于同一个已知点，其纵、横坐标增量的代数和，理论上应等于零，即

$$\left.\begin{array}{l} \Sigma\Delta x_{理} = 0 \\ \Sigma\Delta y_{理} = 0 \end{array}\right\} \tag{7-22}$$

因此闭合导线的坐标增量闭合差的计算公式应为

$$\left.\begin{array}{l} f_x = \Sigma\Delta x_{测} \\ f_y = \Sigma\Delta y_{测} \end{array}\right\} \tag{7-23}$$

闭合导线的角度闭合差 $V_{\beta i}$ 的调整、导线全长闭合差 f_D、全长相对闭合差 K 的计算以及坐标增量闭合差 v_{xi}、v_{yi} 的调整等，均与附合导线相同。闭合导线的坐标计算过程，见表 7-2 的算例。

闭合导线坐标计算表　　　　　　　　　　　　　　表 7-2

点号	观测角（右角）	改正数	改正角	坐标方位角	距离	坐标增量		改正后增量		坐 标	
						Δx	Δy	Δx	Δy	x	y
	(° ′ ″)	(″)	(° ′ ″)	° ′ ″	(m)	(m)	(m)	(m)	(m)	(m)	(m)
(1)	(2)	(3)	(4)	(5)	(6)	(7)	(8)	(9)	(10)	(11)	(12)
A										1921.36	4368.54
				174 27 22							
B	(43 47 38)									1516.57	4407.83
				38 15 00	112.01	+3 +87.96	−1 69.34	+87.99	69.33	1604.56	4477.16
1	102 48 09	−9	102 48 00								
				115 27 00	87.58	+2 −37.64	0 +79.08	−37.62	+79.08	1566.94	4556.24
2	78 51 15	−9	78 51 06								
				216 35 54	137.71	+4 −110.56	−1 −82.10	−110.52	−82.11	1456.42	4474.13
3	84 23 27	−9	84 23 18								
				312 12 36	89.50	+2 +60.13	−1 −66.29	+60.15	−66.30	1516.57	4407.83
B	93 57 45	−9	93 57 36								
				38 15 00							
1											
Σ	360 00 36	−9	360 00 00		426.80	−0.11	+0.03	0	0		

辅助计算：

$\Sigma\beta_{测} = 360°00'36''$　　　　$\Sigma D = 426.80\text{m}$　　　　$f_x = \Sigma\Delta x = -0.11\text{m}$　　$f_y = \Sigma\Delta y = +0.03\text{m}$

$\Sigma\beta_{理} = 360°00'00''$

$f_\beta = +36''$　　　　$f_D = \sqrt{f_x^2 + f_y^2} = 0.114\text{m}$

$V_{\beta i} = -f_\beta/n = -9''$　　$K = \dfrac{f_D}{\Sigma D} \approx 1/3700 < 1/2000$（合格）

$f_{\beta容} = \pm 40''\sqrt{4} = \pm 80''$（合格）

第三节　前方交会法

当导线点的密度不能满足工程施工或大比例尺测图要求，需加密点位时，可用前方交会法加密控制点。如图 7-13 所示，图中 A、B、C 为已知点，P 为加密点，在三个已知点上观测了水平角 α_1、β_1、α_2、β_2。我们可用三角形 Ⅰ、Ⅱ 分两组解算 P 点的坐标。

一、余切公式

下面以三角形 Ⅰ，介绍用前方交会法求 P 点坐标的基本原理。

根据已知点 A、B 的坐标，经坐标反算可求得 AB 的边长 D_{AB} 和方位角 α_{AB}；根据 α_1、β_1 角，可求

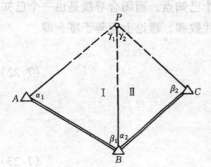

图 7-13　前方交会法

得交会角 γ_1；在 △ABP 中，按正弦定理可求得 AP、BP 的长度 D_{AP}、D_{BP}。再通过 α_1、β_1 角可推算 AP、BP 边的方位角 α_{AP}、α_{BP}。最后再根据 D_{AP}、α_{AP} 或 D_{BP}、α_{BP} 用坐标正算公式求得 P 点的坐标。

为免除计算过程中繁杂的中间结果，计算加密点 P 的坐标时，可采用经上述解题思路推算出的余切公式直接进行计算。余切公式的计算式为

$$\left.\begin{array}{l} x_P = \dfrac{x_A \mathrm{ctg}\beta + x_B \mathrm{ctg}\alpha - y_A + y_B}{\mathrm{ctg}\alpha + \mathrm{ctg}\beta} \\ y_P = \dfrac{y_A \mathrm{ctg}\beta + y_B \mathrm{ctg}\alpha + x_A - x_B}{\mathrm{ctg}\alpha + \mathrm{ctg}\beta} \end{array}\right\} \tag{7-24}$$

二、计算实例

按式（7-24）计算 P 点坐标的实例数据列入表 7-3。表中系由三角形 I、II 分两组计算 P 点坐标，若两组坐标值的较差不大于 M/5000（M 为测图比例尺分母，单位为 m）时，则取两组坐标的平均值作为 P 点的最后坐标。

角度前方交会坐标计算表 表 7-3

野外点位略图		点号	x (m)	y (m)
（图示）	已知数据	D_6	116.942	683.295
		D_7	522.909	794.647
		D_8	781.305	435.018
	观测数据	I 组	$\alpha_1 = 59°10'42''$	
			$\beta_1 = 56°32'54''$	
		II 组	$\alpha_2 = 53°48'45''$	
			$\beta_2 = 57°33'33''$	
计算结果	（1）由 I 组计算得：$x'_P = 398.151\mathrm{m}$，$y'_P = 413.249\mathrm{m}$ （2）由 II 组计算得：$x''_P = 398.127\mathrm{m}$，$y''_P = 413.215\mathrm{m}$ （3）两组坐标较差：$\Delta_P = \sqrt{\Delta x_P^2 + \Delta y_P^2} = 0.042\mathrm{m} \leqslant$ 限差 （4）P 点最后坐标为：$x_P = 398.139\mathrm{m}$，$y_P = 413.232\mathrm{m}$			

注：在计算过程中，三角函数值应取七位小数。

为了提高交会点的精度，在选定 P 点时，应尽可能使交会角 γ 近于 90°，一般应不大于 150°或不小于 30°。

在应用（7-24）式时，两个已知点和待求点是按图 7-13 所示的点位关系推导的，A、B、P 必须按三点逆时针方向编号，A 点的观测角编号为 α，B 点的观测角编号为 β。而在 II 组三角形中，B、C 点则应被看做公式中的 A、B。应用这一公式时必须注意点号、角号的排列顺序应与图 7-13 一致。计算坐标时，可去掉已知点坐标前面数值相同的大数，单用后面的几位数计算，然后将去掉的大数添加在算得的结果前面即可。计算中三角函数值应有足够的位数（一般不少于七位数），以保证计算结果的准确性。

前方交会法需在三个已知点上架设仪器进行观测，以检核交会点坐标的正确性。如果测区只有两个已知点时，为了检核，可在交会点 P 上架设经纬仪，测出交会角 γ，并检核三角形内角之和是否等于 180°，如果误差不超过 60″，则按平均分配的原则对 α、β、γ 角进行改正，并以改正后的 α、β 角按式（7-24）计算 P 点的坐标。这种观测了三角形三

个内角的交会法，称为单三角形法。

第四节 三、四等水准测量

三、四等水准测量可用于国家高程控制的加密、小地区首级高程控制以及施工区内工程测量及建筑物变形观测的基本控制。三、四等水准点的高程应从附近的一、二等水准点引测，水准点应选在土质坚硬、便于长期保存和使用的地方，并应按规范要求埋设标石。有时也可利用埋石的平面控制点作为水准点。三、四等水准测量一般使用 DS_3 水准仪观测，水准标尺采用区格式双面木质标尺，标尺上应安装圆水准器。

一、三、四等水准测量的要求

(1) 观测应在望远镜成像清晰、稳定的情况下进行。
(2) 水准视线长度三等不超过 65m，四等不超过 80m。
(3) 测站前后视距之差，三等不得大于 2m，四等不得大于 5m。
(4) 前后视距累积差，三等不得大于 6m，四等不得大于 10m。
(5) 视线距地面的高度，三等不得小于 0.3m，四等不得小于 0.2m。
(6) 相邻两水准点间测站数应为偶数。

二、三、四等水准测量的观测方法

1. 观测方法

三、四等水准测量采用中丝测高法，三丝读数。每次读数前，都应使符合水准气泡居中。每一测站的观测程序可按"后－前－前－后"进行。即：

(1) 后视水准尺黑面，读取下、上视距丝和中丝读数，记入记录表（表7-4）中(1)、(2)、(3)；
(2) 前视水准尺黑面，读取下、上视距丝和中丝读数，记入记录表中(4)、(5)、(6)；
(3) 前视水准尺红面，读取中丝读数，记入记录表中(7)；
(4) 后视水准尺红面，读取中丝读数，记入记录表中(8)；

每一测站观测完毕后，应立即进行测站计算和检核（见表7-4）。各项检核数值都在允许范围内时，后视标尺的尺垫才可捡起，仪器方可搬至下一站。

2. 测站计算与检核

(1) 视距计算与检核　根据前、后视的上、下视距丝读数计算前、后视的视距

后视距离：(9) = (1) - (2)
前视距离：(10) = (4) - (5)
前后视距差：(11) = (9) - (10)
前后视距累积差：(12) = 上站 (12) + 本站 (11)

(2) 尺常数 K 检核　尺常数为同一水准尺黑面与红面读数差。尺常数误差计算式为

(13) = (6) + K - (7)
(14) = (3) + K - (8)

式中　K 为双面水准尺的红面与黑面分划的常数差。表7-4中，测站1的后视标尺 K = 4687mm，前视标尺 K = 4787mm。对于三等水准测量，尺常数误差不得超过 2mm，四

等水准测量不得超过3mm。

四等水准测量记录

表 7-4

观测时间：__2002__ 年 __3__ 月 __14__ 日

时　刻：始 __8__ 时 __30__ 分　　天气：__晴__　　观测者：__袁 亮__

　　　　末 __　__ 时 __　__ 分　　成像：__清__　　记录者：__吴启舟__

测站编号	后尺 下丝 / 上丝 / 后距 / 视距差 d	前尺 下丝 / 上丝 / 前距 / Σd	方向及尺号	标尺读数 黑面	标尺读数 红面	黑+K 减红	高差中数	备考
	(1)	(4)	后	(3)	(8)	(14)		
	(2)	(5)	前	(6)	(7)	(13)		
	(9)	(10)	后一前	(15)	(16)	(17)	(18)	
	(11)	(12)						
1	1571	0739	后 栖龙2	1384	6171	0		
	1197	0363	前	0551	5239	−1		
	37.4	37.6	后一前	+0833	+0932	+1	+0832.5	
	−0.2	−0.2						
2	2121	2196	后	1934	6621	0		
	1747	1821	前	2008	6796	−1		
	37.4	37.5	后一前	−0074	−0175	+1	−0074.5	
	−0.1	−0.3						
3	2018	2467	后	1779	6567	−1		
	1540	1978	前	2223	6910	0		
	47.8	48.9	后一前	−0444	−0343	−1	−0443.5	
	−1.1	−1.4						
4	1329	1173	后	1080	5767	0		
	0831	0693	前 No.1	0933	5719	+1		
	49.8	48.0	后一前	+0147	+0048	−1	+0147.5	
	+1.8	+0.4						
Σ	7039	6575	后	6177	25126	−1		
	5315	4855	前	5715	24664	−1		
	172.4	172.0	后一前	+0462	+0462	0	+0462	
	+0.4							

（3）高差计算与检核　按前、后视水准标尺红、黑面中丝读数分别计算该测站高差

黑面高差：（15）=（3）−（6）

红面高差：（16）=（8）−（7）

红黑面高差之差：（17）=（15）±100−（16）

红黑面高差之差也可用：（17）=（14）−（13）

对于三等水准测量，（17）不得超过3mm，四等不得超过5mm。

红黑面高差之差在容许范围内时,取其平均值,作为该测站的观测高差

$$(18) = \{(15) + [(16) \pm 100]\} / 2$$

上式计算时,当(15)>(16)时,100前取正号;当(15)<(16)时,100前取负号。总之,(18)的数值应与黑面高差(15)的数值很接近。

(4) 水准测量记录计算检核 每页手簿和每测段,应进行以下的检核计算

高差检核:Σ(3) - Σ(6) = Σ(15)

Σ(8) - Σ(7) = Σ(16)

Σ(15) + Σ(16) = 2Σ(18)(偶数站)

或 Σ(15) + Σ(16) = 2Σ(18) ±100mm(奇数站)

视距差检核:Σ(9) - Σ(10) = 本页末站(12) - 前页末站(12)

本页总视距:Σ(9) + Σ(10)

三、三、四等水准测量的成果整理

三、四等水准测量均应进行往返观测或单程双线观测,其测量结果应符合表7-5的规定。如果在容许范围内,则测段高差取往、返测的平均值,线路的高差闭合差则反其符号按测段的长度(或测站数)成正比例进行分配(见第二章第五节)。

水准测量成果限差 表7-5

等级	往返测、附合或闭合水准路线允许闭合差 (mm)	
	每千米少于15站	每千米多于15站
三	$\pm 12\sqrt{L}$	$\pm 4\sqrt{n}$
四	$\pm 20\sqrt{L}$	$\pm 6\sqrt{n}$
图根	$\pm 40\sqrt{L}$	$\pm 12\sqrt{n}$

第五节 三角高程测量

在山地测定控制点的高程,若用水准测量,则速度慢、困难大。因此可在测区内引测一定数量的水准点后,采用三角高程测量的方法,测定控制点的高程,作为高程起算的依据。

一、三角高程测量原理

三角高程测量是根据两点间的水平距离 D 和竖直角 α 来计算两点间的高差。如图7-14,已知 A 点高程 H_A,欲测定 B 点高程 H_B,可在 A 点安置经纬仪,在 B 点树立标杆,用望远镜中丝瞄准标杆的顶点 B',测得竖直角 $\alpha_{AB'}$,量出标杆高 v_B 及仪器高 i_A,再根据 AB 的平距 D_{AB},就可算出 AB 的高差

$$h_{AB} = D_{AB} \mathrm{tg} \alpha_{AB'} + i_A - v_B \quad (7-25)$$

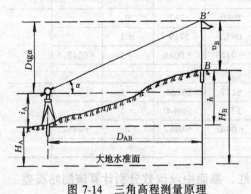

图7-14 三角高程测量原理

三角高程测量,一般应进行往返观测。即在已知点 A 设站观测待求点 B 的竖直角(称为直觇),又在 B 点设站观测 A 的竖直角(称为反觇),这样的观测,称为对向观测。反觇观测 A 点的标杆顶面 A' 时,AB 点间的高差为

$$h_{AB} = -D_{AB} \mathrm{tg} \alpha_{BA'} - i_B + v_A \quad (7-26)$$

三角高程测量计算中,当两点间的距离大于300m时,还应考虑地球曲率和大气折光

对高差的影响,其值 r（称为两差改正）为

$$r = 0.43D^2/R \tag{7-27}$$

式中 D 为两点间的水平距离,R 为地球半径。

考虑到两差的影响,三角高程测量值、反觇观测 AB 点间的高差为

直觇: $\qquad h_{AB} = D\mathrm{tg}\alpha_{AB'} + i_A - v_B + r \qquad$ (7-28)

反觇: $\qquad h_{AB} = -D\mathrm{tg}\alpha_{BA'} - i_B + v_A - r \qquad$ (7-29)

很显然,对向观测取高差的平均值可以消除地球曲率和大气折光差的影响。

一般,三角高程对向观测所求得的高差较差不应大于 $0.1D\mathrm{m}$（D 为平距,以 km 为单位）,若符合要求,则取两次高差的平均值。

二、三角高程测量的观测与计算

1. 观测

在测站上安置经纬仪,量取仪器高 i；在目标点竖立标杆,量取标杆高 v。i 和 v 用小钢卷尺量取两次取平均值,读数至 0.5cm。

用经纬仪中丝瞄准目标,将竖盘水准管气泡居中,读取竖盘读数。对于一、二级导线,竖直角采用 DJ_6 经纬仪观测两测回；图根导线只观测一测回。各测回竖直角的较差和同一测回各方向指标差的较差不得超过 25″。两点间平距可用测距仪测定,或根据两点的坐标,通过坐标反算求得。

2. 计算

用三角高程测量方法测定平面控制点的高程时,应组成闭合或附合的三角高程路线。每边均应对向观测。用对向观测所求的高差平均值,计算闭合环线或附合路线的高差闭合差的限差为

$$f_{h容} = \pm 0.05\sqrt{\Sigma D^2} \tag{7-30}$$

式中 $f_{h容}$ 以 "m" 为单位；D 为各边的水平距离,以 "km" 为单位。

当 f_h 不超过 $f_{h容}$ 时,则按边长成正比例的原则,将 f_h 反符号分配于各高差之中,然后用改正后的高差,由起始点的高程计算各待求点的高程。

三、计算实例

图 7-15 所示为三角高程实测数据略图,在 A、B、C 三点间进行三角高程测量,构

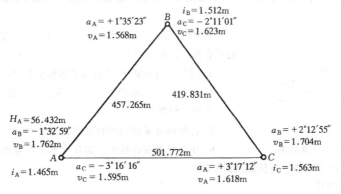

图 7-15 三角高程测量实测数据略图

成闭合线路，已知 A 点的高程为 56.432m，已知数据及观测数据注明于图上，在表 7-6 中进行高差计算。

本例的三角高程测量闭合线路的高差闭合差计算、高差调整及高程计算在表 7-7 中进行。高差闭合差按两点间的距离成正比反号分配。

三角高程测量高差计算（单位：m）　　　　　　　　表 7-6

测 站 点	A	B	B	C	C	A
目 标 点	B	A	C	B	A	C
水平距离 D	457.265	457.265	419.831	419.831	501.772	501.772
竖直角 α	$-1°32'59''$	$+1°35'23''$	$-2°11'01''$	$+2°12'55''$	$+3°17'12''$	$-3°16'16''$
测站仪器高 i	1.465	1.512	1.512	1.563	1.563	1.465
目标棱镜高 v	1.762	1.568	1.623	1.704	1.618	1.595
两差改正 r	0.014	0.014	0.012	0.012	0.017	0.017
单向高差 h	-12.654	$+12.648$	-16.107	$+16.111$	$+28.777$	-28.791
平均高差 h	-12.651		-16.109		$+28.784$	

三角高程测量成果整理　　　　　　　　表 7-7

点 号	水平距离（m）	观测高度（m）	改正值（m）	改正后高差（m）	高　程（m）
A					56.432
B	457.265	-12.651	-0.008	-12.659	43.773
C	419.831	-16.109	-0.007	-16.116	27.657
A	501.772	$+28.784$	-0.009	$+28.775$	56.432
Σ	1378.868	$+0.024$	-0.024	0	
备 注	$f_h = +0.024$m　　$f_{h容} = \pm 0.05\sqrt{\Sigma D^2} = \pm 0.040$m		$\Sigma D^2 = 0.6371$　　$f_h \leqslant f_{h容}$（合格）		

思考题与习题

1. 什么叫平面控制测量？什么叫高程控制测量？什么叫图根控制点？图根平面控制测量常用的形式有哪些？

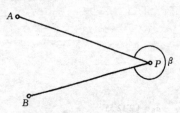

图 7-16　角度计算略图

2. 闭合导线、附合导线、支导线、前方交会等形式需要哪些观测数据和已知数据？

3. 闭合导线计算中，要计算哪些闭合差，如何处理？

4. 闭合导线在连接点上观测连接角有误，又没有检核条件，会产生什么结果？

5. 比较附合导线与闭合导线计算的异同。

6. 在图根导线计算中，为什么经纬仪导线角度闭合差按折角平均配赋，而坐标闭合差要按边长成正例配赋？

7. 坐标计算（精确到 cm）

(1) 已知 $\alpha_{AB} = 203°14'50''$，$D_{AB} = 301.45$m，求 Δx_{AB}、Δy_{AB}。

(2) 已知 $x_M = 4365.24\text{m}, y_M = 7324.78\text{m}, D_{MN} = 373.55\text{m}, \alpha_{MN} = 127°43'28''$，求 $x_N、y_N$。

(3) 已知 $x_A = 3243.13\text{m}, y_A = 4787.35\text{m}\ x_B = 3586.72\text{m}, y_B = 3926.57\text{m}$，求 $\alpha_{AB}、D_{AB}$。

(4) 如图 7-16，$x_A = 35189.35\text{m}, y_A = 1216.90\text{m}, x_B = 34671.79\text{m}, y_B = 1236.06\text{m}, x_P = 35060.02\text{m}, y_P = 1595.35\text{m}$，求 β 角。

8. 按表 7-8 中的已知数据，计算闭合导线各点的坐标值。

闭合导线坐标计算　　　　　　　　　　　　　　　表 7-8

点　号	观测角 (右角) (° ′ ″)	坐标方位角 (° ′ ″)	距离 (m)	坐标 x (m)	y (m)
1				550.00	600.00
		342 45 00	103.85		
2	94 15 54				
			114.57		
3	88 36 36				
			162.46		
4	122 39 30				
			133.54		
5	95 23 30				
			123.68		
1	139 05 00				

9. 如图 7-17，附合导线的已知数据如下：

$x_P = 1660.84\text{m}, y_P = 5296.85\text{m}, x_B = 1438.38\text{m}, y_B = 4973.66\text{m}, \alpha_{AB} = 48°48'48'', \alpha_{PQ} = 331°25'24''$；观测角均为左角：$\angle B = 271°36'36'', \angle 1 = 94°18'18'', \angle 2 = 101°06'06'', \angle 3 = 267°24'24'', \angle P = 88°12'12''$；测得导线边长：$D_{B1} = 118.14\text{m}, D_{12} = 172.36\text{m}, D_{23} = 142.74\text{m}, D_{3P} = 185.69\text{m}$。求图根点 1、2、3 的坐标。

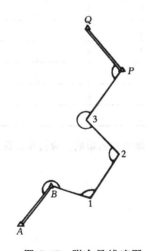

图 7-17　附合导线略图

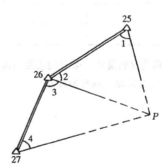

图 7-18　前方交会略图

10. 如图 7-18，前方交会点 P 的起算数据和观测数据如下，求该点的坐标。

$x_{25} = 58734.10\text{m}, y_{25} = 44363.45\text{m}$

$x_{26} = 58102.69\text{m}, y_{26} = 44113.80\text{m}$

$x_{27} = 57266.71\text{m}, y_{27} = 44354.65\text{m}$

$\angle 1 = 43°27'20'', \angle 2 = 65°17'29''$

$\angle 3 = 77°03'56'', \angle 4 = 32°19'21''$

11. 完成表 7-9 中的四等水准测量观测数据的记录计算。

四等水准测量记录　　　　　　　表 7-9

测站编号	后尺 下丝 上丝 后距 视距差 d	前尺 下丝 上丝 前距 Σd	方向及尺号	标尺读数 黑面	标尺读数 红面	黑+K 减红	高差中数	备考
1	1979	0738	后 BM.1	1718	6405			
	1457	0214	前	0476	5265			
			后－前					
2	2739	0965	后	2461	7247			
	2183	0401	前	0683	5370			
			后－前					
3	1918	1870	后	1604	6291			
	1290	1226	前	1548	6336			
			后－前					
4	1088	2388	后	0742	5528			
	0396	1708	前 BM.2	2048	6736			
			后－前					
Σ			后					
			前					
			后－前					

12. 在三角高程测量中，取对向观测高差的平均值，可消除球气差的影响，为何在计算对向观测高差的较差时，还必须加入球气差改正？

第八章 大比例尺地形图测绘

第一节 地形图的基本知识

地面上的各种固定物体,如房屋、道路、河流和农田等称为地物,地表面的高低起伏形态,如高山、丘陵、洼地等称为地貌。地物和地貌总称为地形。

地形图的测绘,须遵循"先控制后碎部"的原则。根据测图的目的及测区的具体情况建立平面及高程控制,然后根据控制点进行地物和地貌的测绘。通过实地测绘,将地面上各种地物的平面位置按一定比例尺,用规定的符号缩绘在图纸上,并注记有代表性的高程点,这种图称为平面图;如果既表示出各种地物,又用等高线表示出地貌的图,称为地形图。图 8-1 为 1:5000 比例尺的地形图示意图。

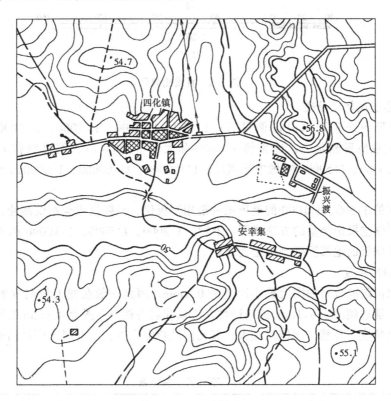

图 8-1　1:5000 地形图

一、地形图的比例尺

图上一段直线的长度与地面上相应线段的实际水平长度之比,称为地形图的比例尺。比例尺的表示形式有数字比例尺和图示比例尺两种。

1. 数字比例尺

数字比例尺是用分子为1,分母为整数的分数形式来表示。设图上一直线段的长度为l,该线段在实地的相应水平长度为L,该图的比例尺为

$$\frac{l}{L}=\frac{1}{\frac{L}{l}}=\frac{1}{M} \tag{8-1}$$

式中 M 为比例尺分母,它反映了地面水平长度在图上缩小的倍数。M 越大,比例尺越小;M 越小,比例尺越大。数字比例尺也可写成 1:500、1:1000、1:2000 等。

2．图示比例尺

最常见的图示比例尺为直线比例尺。图 8-2（a）为 1:5000 的直线比例尺,它是按照数字比例尺来绘制的,其基本长度单位是 2cm,代表实地长度为 100m,左边的基本长度单位等分为 10 小段,每小段代表实地长度 10m,并以该基本长度单位的右端为零点。图示比例尺标注在地形图的下方,便于用分规直接在图上量取直线段的水平距离。图示比例尺可以抵消因图纸伸缩对图上量距的影响。

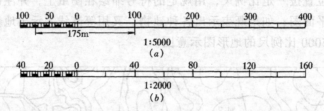

图 8-2 直线比例尺

3．地形图比例尺分类

我国地形图规定采用的比例尺有：1:500、1:1000、1:2000、1:5000、1:10000、1:25000 等。在地形测量中,通常将 1:5000 和大于 1:5000 的比例尺叫做大比例尺,1:10000、1:25000、1:50000 叫做中比例尺,1:100000、1:200000、1:500000 等叫做小比例尺。

小范围的 1:500、1:1000 的地形图一般用平板仪、经纬仪或全站仪测绘,大面积的地形图则采用航空摄影测量的方法成图。有时,1:2000、1:5000、1:10000 的地形图还可用比其更大比例尺的地形图缩小编绘而成。

4．比例尺精度

人们用肉眼能分辨的图上最小距离为 0.1mm,因此一般在图上量测或者在实地测图描绘时就只能达到图上 0.1mm 的精确性。所以我们将相当于图上 0.1mm 的实地水平距离称为比例尺精度。显然,比例尺越大,其比例尺精度也越高。不同比例尺图的比例尺精度见表 8-1。

比 例 尺 精 度

表 8-1

比 例 尺	1:500	1:1000	1:2000	1:5000	1:10000
比例尺精度（m）	0.05	0.1	0.2	0.5	1.0

比例尺精度的概念,对测图和用图有重要意义。例如,在 1:2000 测图时,实地量距只需取到 0.2m,即使量得再精确,在图上也无法表示出来,所以,测图时可采用视距测量求算水平距离。又如某项工程建设,要求在地形图上能反映地面上 10cm 的精度,则所

选用的地形图比例尺就不能小于 1∶1000。图的比例尺越大，图上表示的地物地貌越详细，精度也越高，但一幅图内所包含的地面面积也越小，而且测绘工作量也会成倍增加。所以应按实际的用图需要，选择合理的地形图比例尺。

二、地形图的分幅和编号

为了便于管理和使用地形图，需对各种不同比例尺的地形图按照国家统一规定进行分幅和编号。地形图分幅方法有两种，一种是按经纬线分幅的梯形分幅法（又称为国际分幅），另一种是按坐标格网分幅的矩形分幅法。

（一）地形图的梯形分幅与编号

1. 1∶1000000 地形图的分幅与编号

按国际上的规定，1∶1000000 的地形图实行统一的分幅和编号。如图 8-3 所示，自赤道起向北或向南至纬度 88°止，按纬差每 4°划作一横列，各列依次用 A、B……V 表示。自经度 180°起，自西向东按经差 6°分成纵行，各行依次用 1、2……60 表示。这样，每幅

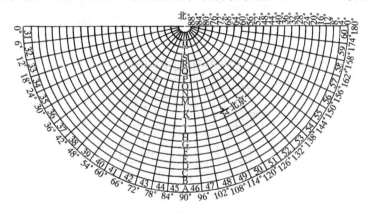

图 8-3 1∶1000000 地形图的分幅与编号

1∶1000000 地形图就是由纬差 4°和经差 6°的经纬线所划分成的梯形图幅。显然图幅的编号是由该图幅所在的横列字母与纵行号数所组成。为了区分南、北半球的图幅，分别在编号前加 S 或 N 以便区别。由于我国领域全部位于北半球，所以图幅编号前统一省注 N。例如北京某地的经度为东经 117°54′18″，纬度为 39°56′12″，则其所在的 1∶1000000 图的图号为 J-50。

2. 1∶500000、1∶250000、1∶100000 地形图的分幅与编号

这三种比例尺地形图的分幅与编号，都是以 1∶1000000 地形图的分幅与编号为基础的。

将一幅 1∶1000000 地形图图幅按纬差 2°、经差 3°划分为 4 个 1∶500000 地形图图幅，并分别以字母 A、B、C、D 表示。将该字母加在所在 1∶1000000 地形图编号后面，便组成 1∶500000 地形图图幅的编号。如图 8-4（a）中画斜线的 1∶500000 地形图图幅编号为 J-50-B。

将一幅 1∶1000000 地形图图幅按纬差 1°、经差 1°30′划分为 16 个 1∶250000 地形图图幅，并分别以带方括号的阿拉伯数字 [1]、[2] …… [16]，加在 1∶1000000 地形图图幅编号后面，便组成 1∶250000 地形图图幅的编号。如图 8-4（b）中带斜线的图幅编号为 J-

50-[3]。

将一幅1:1000000地形图图幅按纬差20′、经差30′划分为144个1:100000地形图图幅，并从左至右、自上而下分别以1、2、3……144数字表示，将此数号加在1:1000000图幅编号后面，即组成1:100000图幅编号。如图8-4（c）中带斜线的图幅号为J-50-9。

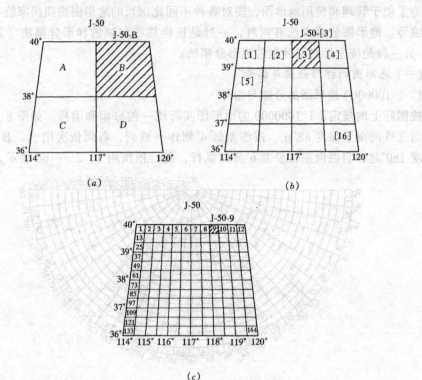

图8-4 1:500000、1:250000、1:100000地形图的分幅与编号

3.1:50000、1:25000、1:10000地形图的分幅与编号

这三种比例尺地形图的分幅编号都是以1:100000比例尺图为基础的。

将一幅1:100000的图幅按纬差10′、经差15′划分成4个1:50000图幅，以A、B、C、D字母表示，并将其加在1:100000的图号后面便组成1:50000图幅的编号，如图8-5（a）中，东北角1:50000图幅的编号为J-50-8-B。如再将每幅1:50000的图幅划可分为4个1:25000图幅，并以1、2、3、4数号表示，将其加在1:50000图幅编号后面，便组成1:25000图幅的编号。如图8-5（a）中画有斜线的图号为J-50-8-B-2。

若再将一幅1:100000图幅按纬差2′30″、经差3′45″划分成64个1:10000图幅，并以（1）、（2）、（3）……（64）数号表示，将其加在1:100000图幅编号后面，便组成1:10000图幅的编号。如图8-5（b）中的J-50-8-（15）。

4.1:5000和1:2000地形图的分幅与编号

1:5000和1:2000比例尺地形图图幅分幅与编号是在1:10000地形图的基础上进行的。

将一幅1:10000图幅分成4幅1:5000图幅，分别在1:10000的图号后面写上各自的代号a、b、c、d。

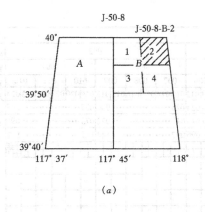 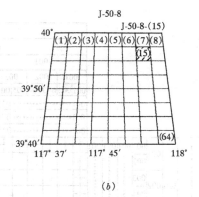

图 8-5 1:50000、1:25000、1:10000 地形图的分幅与编号

每幅 1:5000 的图幅再划分成 9 幅 1:2000 图幅,分别在 1:5000 图号后加上 1、2……9 数字。

(二) 国家基本比例尺地形图分幅与编号

国家基本比例尺有八种,即 1:1000000、1:500000、1:250000、1:100000、1:50000、1:25000、1:10000、1:5000,其图幅分幅与梯形分幅方法相同,而图幅编号方法,则与梯形分幅法有区别。

1:1000000 国家基本比例尺地形图的编号仍采用国际 1:1000000 地形图编号标准,如北京某地所在图幅的图号为 J50,而 1:500000~1:5000 地形图的编号,均以 1:1000000 地形图编号为基础,采用行列编号方法。即将 1:1000000 地形图按所含各比例尺地形图的经差和纬差分成若干行和列,横行从上到下,纵列从左到右按顺序分别用三位阿拉伯数字(数字码)表示,不足三位者前面补零,取行号在前、列号在后的排列形式标记。八种基本比例尺地形图分别采用英文字母"A~H"作为其比例尺代码。1:500000~1:5000 地形图的图号均由所在 1:1000000 地形图的图号、比例尺代码和各图幅的行列号共十位码组成。其编号方法见图 8-6。

北京某地(东经 117°54′18″,北纬 39°56′12″)所在各图幅的行列编号见表 8-2。

各种比例尺地形图的分幅与编号　　　　　　　表 8-2

比例尺	图幅大小		在 1:1000000 图幅中包含的本比例尺的幅数	北京某地的图幅编号	北京某地的国家基本比例尺图幅编号
	纬差	经差			
1:1000000	4°	6°		J-50	J50
1:500000	2°	3°	4	J-50-B	J50B001002
1:250000	1°	1°30′	16	J-50-[3]	J50C001003
1:100000	20′	30′	144	J-50-8	J50D001008
1:50000	10′	15′	576	J-50-8-B	J50E001016
1:25000	5′	7′30″	2304	J-50-8-B-2	J50F001032
1:10000	2′30″	3′45″	9216	J-50-8-(15)	J50G002063
1:5000	1′15″	1′52.5″	36864	J-50-8-(15)-c	J50H004125
1:2000	25″	37.5″	331776	J-50-8-(15)-c-3	

(三) 地形图的正方形或矩形分幅与编号

为了适应各种工程和施工需要,对于 1:5000、1:2000、1:1000、1:500 比例尺地形

93

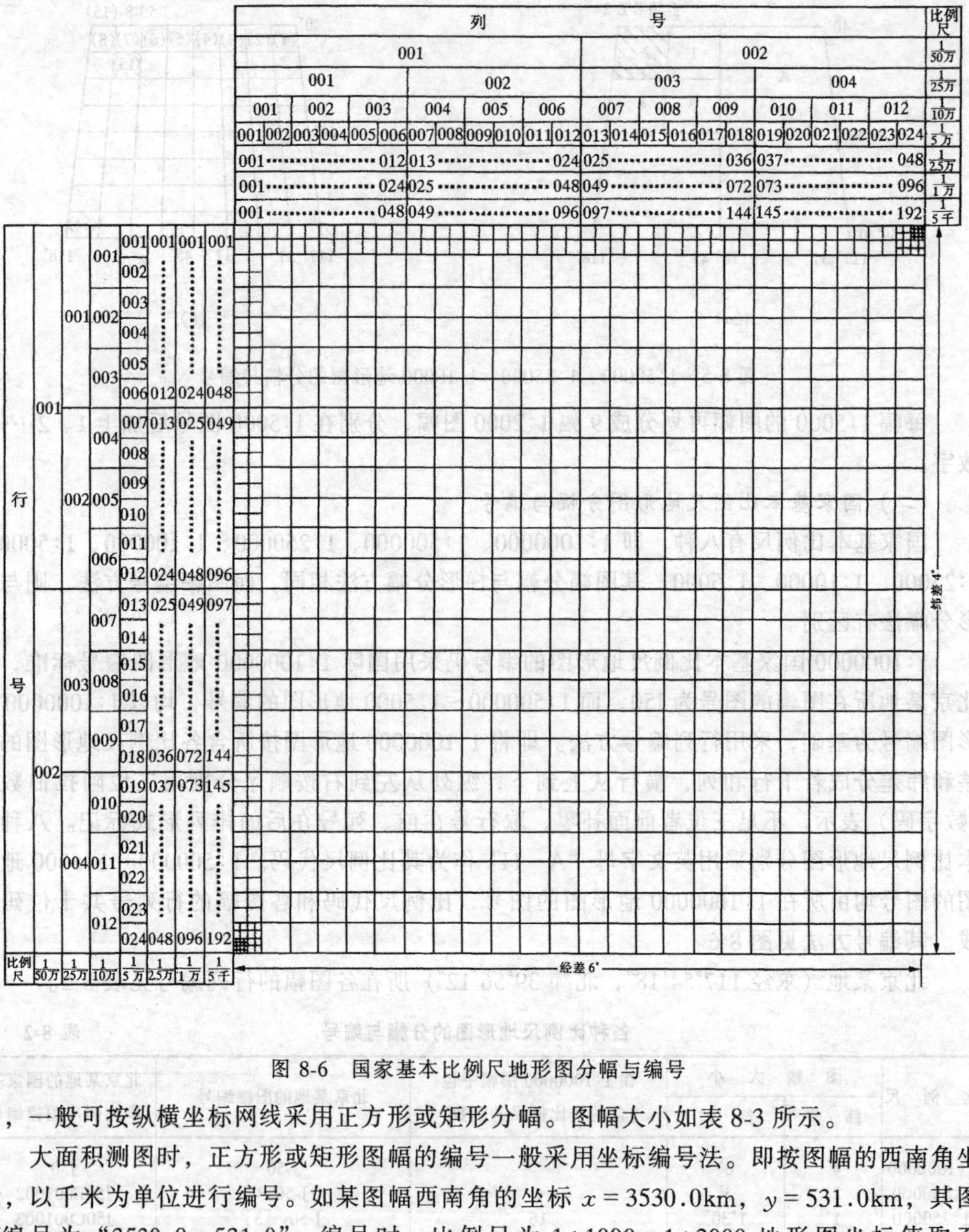

图 8-6 国家基本比例尺地形图分幅与编号

图，一般可按纵横坐标网线采用正方形或矩形分幅。图幅大小如表 8-3 所示。

大面积测图时，正方形或矩形图幅的编号一般采用坐标编号法。即按图幅的西南角坐标，以千米为单位进行编号。如某图幅西南角的坐标 $x=3530.0$ km，$y=531.0$ km，其图幅编号为"3530.0—531.0"。编号时，比例尺为 1∶1000、1∶2000 地形图坐标值取至 0.1km，而 1∶500 地形图，坐标值取至 0.01km。

大比例尺地形图的图幅大小　　　　表 8-3

比例尺	图幅大小（cm）	实地面积（km²）	1∶5000 图幅内的分幅数
1∶5000	40×40	4	1
1∶2000	50×50	1	4
1∶1000	50×50	0.25	16
1∶500	50×50	0.0625	64

小范围测图，特别是独立测区，正方形或矩形图幅往往采用比较简便的流水编号法或行列编号法。流水编号法是将测区各图幅从左至右、自上而下用阿拉伯数字顺序编号。行列编号法是按从上到下的顺序给横列编号，从左到右给纵行编号，先列号后行号地组成图幅编号。例如 A-1、A-2……B-1、B-2 等。

三、地形图的图框外注记

1. 图名和图号

图名是用本幅图内最著名的地名，或最大的企业和村庄，或最突出的地物、地貌的名称来命名的。除图名外，还要注明图号。图名、图号注记在北图廓上方中央。

2. 接图表

接图表用来说明本图幅与相邻图幅的关系，供查找相邻图幅时用。如图 8-7 所示。中间一格画有斜线的代表本幅图。

3. 比例尺

在每幅图的南图框外均注有数字比例尺，有时还在其下方给出直线比例尺。

4. 坐标格网

图 8-7 中的方格网为平面直角坐标格网，间隔为图上 10cm。在图廓四周标有格网的坐标值。中、小比例尺地形图，其图廓内还绘有经纬线格网。

5. 三北方向图

在许多中、小比例尺地形图的南图廓线下方，还绘有真子午线 N、磁子午线 N' 和纵

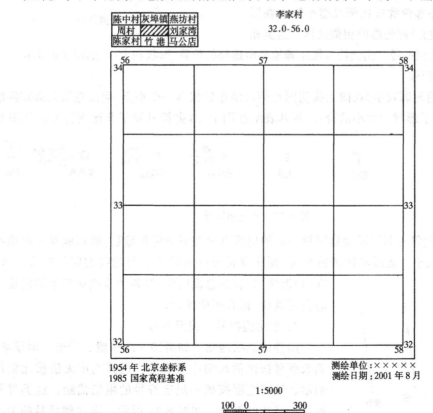

图 8-7　地形图的图廓

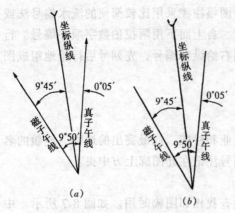

坐标线 X，这三者之间的角度关系图，称为三北方向图。从图 8-8 中可看出，磁偏角 $\delta = -9°50'$（磁子午线位于坐标纵线以西），子午线收敛角 $\gamma = -0°05'$（纵坐标线位于真子午线以西）。利用该图，可计算出图上任一方向的真方位角和磁方位角。

四、地形图符号

地形是地物和地貌的总称。地物是分布在地面上自然或人工修建形成的固定物体，如湖泊、河流、房屋、道路等。地貌是指地表面的高低起伏形态，它包括山地、丘陵和平原等。所有的地物和地貌都是用符号表示的。表示地物的，叫做地物符号；表示地貌的，叫做地貌符号。这些地物和地貌符号，其形状、大小、划线粗细，在国家统一颁发的《地形图图式》中都有具体规定，各种比例尺地形图，都应严格执行相应的图式。

图 8-8 三北方向图

(一) 地物符号

表示地物的符号可分为下列几种：

1. 比例符号

将地物的外部轮廓按比例尺缩小测绘在图上，可得到该地物外部轮廓的相似图形。这类相似图形就属于比例符号。比例符号能正确地表示地物的位置、形状和大小，如图 8-9 所示。

图 8-9 比例符号

2. 非比例符号

如果地物的轮廓较小，在图上按测图比例尺缩小后仅为一个小点，但该地物又必须测绘时，则可按规定了形状和大小的符号，将其表示在图上，这类符号属于非比例符号。如图 8-

图 8-10 非比例符号

10 所示。非比例符号只表示地物定位中心的位置以及表明为何种地物，而不能反映该地物实际的形状和大小。运用非比例符号时，要注意符号的定位中心与地物的定位中心一致。在《地形图图式》的总说明中，对各种非比例符号的定位中心及定位线，都有明确规定。

3. 半比例符号（线形符号）

延伸的线状地物，如道路、通信线、管道、垣栅等，其长度可按比例尺缩小后表示，但其宽度无法按比例尺表示，须将宽度按统一规定符号的粗细描绘，这类符号就属于半比例符号。如图 8-11 所示。半比例符号的中心线一般应为线状地物的中心位置，但城墙和垣栅等，地

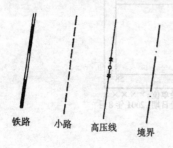

图 8-11 半比例符号

物中心位置在其符号的底线上。

4．地物注记

为了在地形图上更好地表达地物的实际情况，除用符号表示外，有些尚需加文字、数字或特有符号对地物加以说明。如城镇、厂矿、河流、道路的名称，桥梁的长宽，房屋材料及层次、植被和土质情况等，都以文字或特定符号等地物注记加以说明。

（二）地貌符号——等高线

地面高低起伏形态在图上表示的方法有多种。在地形测量中，规定采用等高线法表示地貌。等高线法的特点是形式简明，反映地面起伏形态正确，便于应用，例如可在图上量测高程、高差、坡度等。

1．等高线的概念

等高线是地面上高程相同的点连接成的闭合曲线。如图 8-12，设想一高出某一水面的山丘，当水面静止时，山丘与静止水面的交线就是一条所有点的高程皆相等的闭合曲线——等高线。

设水平截面 N_1 的高程为 50m，则等高线 MN 上任一点的高程也是 50m。如果将水平截面按一定的高度间隔升降，例如每次上升 2m 时，所得到的不同高度的等高线 PQ、RS，就是实地上高程分别为 52m、54m 的等高线。将这些实地等高线垂直投影在同一水平面 N_0 上，并依比例尺缩小，即为图上的等高线。

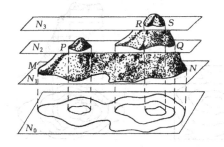

图 8-12 等高线原理

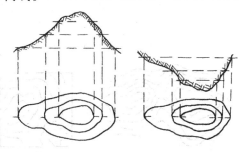

图 8-13 山丘和洼地的等高线

由于小山丘和小洼地的图上等高线形状是类似的，不易辨别，通常应在这两种形状的等高线上，向高程递减的方向并垂直于等高线描绘一条细短线——示坡线，如图 8-13 所示。这样，就很容易分辨出山丘和洼地了。

2．等高距和等高线平距

相邻等高线之间的高差为等高距。在同一幅地形图上，等高距是相同的。

相邻等高线之间的水平距离称为等高线平距。在同一张地形图上，等高线平距的大小与地面坡度有关。坡度越大，则等高线平距越小；坡度越小，等高线平距越大。因此，可以根据地形图上等高线的疏、密来判断地面坡度的缓、陡。

测绘地形图时，等高距的大小是根据测图比例尺和测区地形状况来确定的。如表 8-4 所示。

3．等高线的特性

深刻理解等高线的特性，对于正确地测绘等高线，判断图上等高线表示地貌的合理性以及根据等高线解决某些应用问题，都有重要的意义。根据等高线的概念，可得等高线的如下特性：

（1）同一等高线上各点的高程都相等。但高程相等的点，则不一定在同一条等高线上。如鞍部两边的等高线（图 8-14）。

（2）等高线是闭合曲线，如果不在本幅图中闭合，则必在图外闭合。也就是说，等高线决不在图幅内中断。凡不在本幅图内自行闭合的等高线，都必须画至图廓线为止，如图 8-15 所示。但某些为了表示局部起伏形态的加绘等高线，按规定只需画出一部分，以及图上等高线与其他符号相交时规定不描绘等高线等情况，则不属于等高线中断。

（3）除在悬崖和绝壁处外，等高线在图上不能相交，也不能重合。如图 8-16 所示。

（4）同类地形图上，等高线愈密则地面坡度愈大。反之，等高线愈稀则地面坡度愈小。若等高线间隔相等，则为等倾斜地面。

（5）等高线过山脊线（分水线）或山谷线（合水线）时，应垂直通过。

大比例尺测图用等高距（m）　　　　　　　表 8-4

比例尺	地面倾斜角			备注
	0°～6°	6°～15°	15°以上	
1:5000	2.0	5.0	5.0	等高距为 0.5m 时，地形点高程注至 cm，其余均注至 dm
1:2000	1.0	2.0	2.0	
1:1000	0.5	1.0	1.0	
1:500	0.5	0.5	1.0	

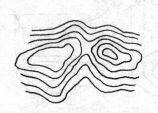 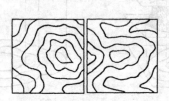 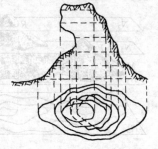

图 8-14　鞍部两侧的等高线　　　图 8-15　等高线的闭合　　　图 8-16　悬崖处的等高线

4．等高线的分类

（1）首曲线：在同一幅图上，按规定的基本等高距描绘的等高线称为首曲线，也称基本等高线。它是图上宽度为 0.15mm 的细实线。

（2）计曲线：凡是高程能被 5 倍基本等高距整除的等高线，称为计曲线。它是为了读图方便而加粗（线宽 0.3mm）描绘的等高线，所以也称加粗等高线。为了便于读图，计曲线上通常注有该等高线的高程，字体的注记方向应朝向高程递增的方向。

（3）间曲线和助曲线：当首曲线不能将局部起伏形态显示出来时，按二分之一基本等高距描绘的等高线称为间曲线，在图上用长虚线表示。按四分之一基本等高距描绘的等高线，称为助曲线，在图上用短虚线表示。间曲线和助曲线可不闭合。

第二节　测图前的准备工作

地形测图的准备工作，有资料收集、仪器检校、准备测图纸、展绘控制点等项内容。

一、技术资料收集

测图前,应取得有关的规范、地形图图式和技术设计书,抄录测区平面、高程控制成果等。

二、仪器、器材的准备

用于测图的仪器(如平板仪、经纬仪等),测前均需认真检校。各种器材(如视距标尺、标杆等),应认真清点和检查,以免遗漏。

三、图纸准备

地形测图的图纸,一般采用表面经打毛后的聚酯薄膜,其厚度为 0.05~0.1mm。聚酯薄膜具有透明度好、伸缩性小、不怕潮湿、牢固耐用等优点。如果表面不清洁,还可用水洗涤,并可直接在底图上着墨、复晒蓝图。但聚酯薄膜有易燃、易折和易老化等缺点,故在使用过程中应注意防火防折。

四、绘制坐标格网

测图前,需准确地将控制点展绘在图纸上,以便再在这些点相应的地方设置测站进行碎部测量。因此需要在图纸上先绘制坐标网,然后根据坐标网来展绘各控制点。绘制坐标格网可借助坐标展点仪或坐标格网尺等专用仪器和工具,如无上述仪器和工具,则可按下述对角线法绘制。

如图 8-17 所示,沿图纸的四个角,用长直线尺绘出两条对角线交于 O 点,自 O 点在对角线上量取 OA、OB、OC、OD 四段相等的长度得出 A、B、C、D 四点,用直线连接各点,得矩形 $ABCD$。从 A、B 两点起沿 AD 和 BC 方向每间隔 10cm 截取一点。再从 A、D 两点起沿 AB、DC 方向每间隔 10cm 截取一点。连接各对应边的相应点,即得到由 10cm×10cm 的正方形组成的坐标格网。

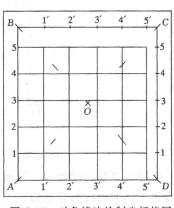

图 8-17 对角线法绘制坐标格网

坐标格网绘好后,要用直尺检查各方格角点是否在同一直线上,其偏离值不应超过 0.2mm;还应检查各格网的边长和对角线长度(141.4mm),其误差容许值分别为 0.2mm 和 0.3mm。若误差超过容许值则应对方格网进行修改或重新绘制。

五、展绘控制点

展点前,应按图的分幅位置,将坐标格网线的坐标值注在格网边线的外侧。展点时,要确定控制点所在的方格,并根据坐标值和地形图的比例尺,将控制点展绘在方格的相应位置。展绘出的各控制点均应进行检核。通常是用比例尺在图纸上量取相邻控制点之间的距离,并与控制点坐标反算出的距离相比较,其最大误差不应超过图上 0.3mm,否则应重新展绘。

第三节 地形测图的方法

一、测图仪器简介

地形测图常用的仪器有大平板仪、小平板仪、经纬仪(见第三章)、光电测距仪(见

第四章）和全站仪等。这里仅介绍大平板和小平板仪的构造及安置，并简要说明全站仪的特点。

1. 大平板仪的构造

大平板仪简称平板仪，由平板、照准仪和若干附件组成，如图8-18所示。平板部分由测图板、平板基座和三脚架组成。基座用中心螺旋安装在三脚架上，用以整平图板和图板定向。

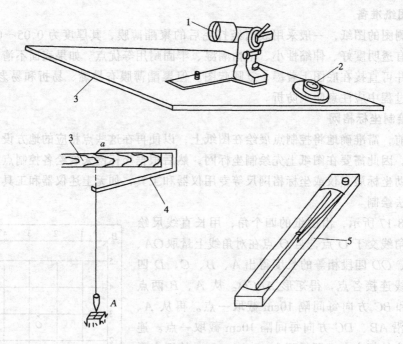

图 8-18 大平板仪及其附件
1—照准仪；2—圆水准器；3—图板；4—对点器；5—定向罗盘

照准仪主要由望远镜、竖直度盘和直尺组成。望远镜用于照准目标和读取视距，竖直度盘用于读取视线的竖直角，由此可以测定目标点到测站的距离和高差；直尺与望远镜的视准轴所在的竖直面相互平行；望远镜瞄准目标后，根据直尺在平板上划出的方向线即代表瞄准方向。

望远镜有竖直方向的制动螺旋、微动螺旋、物镜对光螺旋、目镜对光螺旋和竖盘水准管微动螺旋；望远镜的支柱上还有横向水准管及支柱微倾螺旋，用以置平望远镜的横轴。

平板仪的附件有：对点器——使平板上的点和相应地面点安置在同一铅垂线上；定向罗盘——用于平板仪的近似定向；圆水准器——用以整平图板。

2. 小平板仪的构造

小平板仪主要有照准器、图板、三脚架和对点器等部件（见图8-19）。

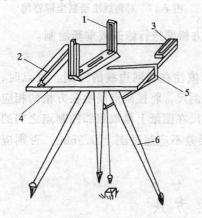

图 8-19 小平板仪
1—照准器；2—三棱尺；3—定向罗盘；
4—图板；5—对点器；6—三脚架

小平板仪是用照准器上的接目觇板的觇孔及接物

觇板的照准丝构成的照准面来照准目标的,照准目标后可用直尺在图板上作方向线。为了整平图板,在直尺上附有管水准器。照准器不能测定距离和高差,因此必须配以皮尺量距进行平面图测绘,或与经纬仪配合测量进行地形图测绘。

近年来我国生产的小平板仪的照准仪也有仿照大平板仪上照准仪的形式,制成具有视距丝的小望远镜和简单的半圆形金属度盘,可以进行视距测量,能独立地用于简易的地形图测绘。

3. 平板仪的安置

平板仪安置包括对中、整平、定向三项工作。

(1) 对中:对中就是使图板上的 a 点和地面上相应 A 点位于同一铅垂线上,如图 8-20 所示。其方法是将对点器的尖端对准图板上的 a 点,移动脚架使垂球尖对准地面点。平板仪对中精度与测图比例尺有关,其容许值为 $0.05 \times M$,单位为"m",式中 M 为比例尺分母。

(2) 整平:对中后,利用圆水准器或照准仪上的水准管使图板位于水平位置。整平方法与经纬仪整平方法相似。

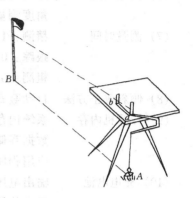

图 8-20 平板仪的对中和定向

(3) 定向:将照准仪(器)的直尺边缘紧靠在已知直线 ab 上,转动图板,使照准仪(器)瞄准定向目标 B,旋紧基座上的水平制动螺旋,固定图板。图板定向的正确与否对测图的精度影响很大,须细心操作。为防止定向错误,还需用另一控制点方向进行定向的检查。

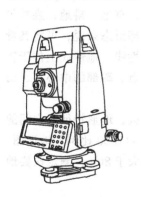
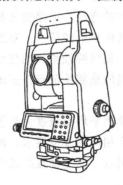

图 8-21 拓普康电子全站仪

需说明的是,由于对中、整平和定向会相互影响,故安置平板仪一般应先大致定向、整平,然后再按顺序精确地对中、整平和定向。

4. 全站型电子速测仪

全站型电子速测仪(简称全站仪)是指在测站上观测,可同时取得必要的观测数据如斜距、竖直角、水平角、高差和目标点的坐标。如通过传输接口把全站仪野外采集的数据终端与计算机、绘图仪连接起来,配以数据处理软件和绘图软件,即可实现测图的自动化、数字化。

全站型电子速测仪由电子经纬仪、光电测距仪和数据记录装置三部分组成,目前大部分的仪器内,设置了如测站坐标设置程序、水平方向定位程序、放样程序、距离计算程序、面积测算程序、目标点坐标测定程序及快速测量程序等,功能选择采用菜单式结构,对照其说明书能很方便地使用,因此在我国测绘、建筑、路桥等行业得到了广泛的使用。

图 8-21 为拓普康 GTS-600 系列电子全站仪外形图,其主要技术指标为:

(1) 仪器尺寸　　　　343(高)mm×230(宽)mm×178(长)mm

(2) 仪器重量　　　　5.8kg(含电池)

(3) 环境温度　　　　　$-20\sim+50℃$

(4) 望远镜　　　　　　放大倍率：30x

　　　　　　　　　　　成像：正像

(5) 测程　　　　　　　单棱镜：3000~3500m

　　　　　　　　　　　三棱镜：4000~4700m

(6) 测量精度　　　　　距离测量：±（2mm+2ppm）（1ppm=1×10^{-6}）

　　　　　　　　　　　角度测量：1″（GTS-601）、2″（GTS-602）、5″（GTS-605）

(7) 测量时间　　　　　精测：1.3s

　　　　　　　　　　　跟踪：0.4s

　　　　　　　　　　　粗测：0.7s

(8) 倾斜改正方法　　　自动竖直角和水平角补偿

(9) 计算机内存　　　　系统内存：FEEPROM 512K

　　　　　　　　　　　数据存储器：RAM 320K

　　　　　　　　　　　应用程序存储器：FEEPROM 2M

(10) 充电电池　　　　 输出电压：7.2V

　　　　　　　　　　　正常使用时间：7h

二、地形特征点的选择

地面上地物、地貌形态虽然多种多样，但这些形态总是可以概括、分解成各种几何形体的。而任何集合形体，都可由一些具有决定性的点连成的直线或曲线来确定。

地物轮廓点和地貌形态变化点称为**地形特征点**，在地形测图时也称碎部点，如房屋轮廓的转折点，河流、池塘、湖泊边线的转弯点，道路交叉和转弯点，草地、耕地、森林等边线的转折点等等，都是确定地物形状位置的特征点。对地貌的局部形态来说，可将其看成由一些不同倾斜方向的平面所构成。相邻两倾斜面的交线就是地性线。地性线上位于转弯、分合等变化处的点，是确定地性线的地貌特征点。如山丘的顶点、鞍部的中心点、山脚的转弯和交叉点等。

为了能真实地表示实地情况，在地面平坦或坡度无显著变化地区，地形特征点之间的间距和测定特征点的最大视距，应符合相应的规范要求。例如测绘 1:1000 比例尺地形图，其地形点间最大间距应不大于 30m，测定主要地物点的最大视距不大于 80m，测定次要地物点和地形点的最大视距不大于 120m。

三、地形测图的方法

测绘地物、地貌，实际就是测定地形特征点在图上的点位及其高程，并依次描绘出地物、地貌。测定特征点的方法主要有极坐标法、距离交会法、方向交会法等。

极坐标法只需测定地形特征点与测站点之间的水平距离和测站到特征点的方向，就可在图上标出特征点的位置。因此，极坐标法在通视良好的开阔地，可以测定较大范围内的特征点。这种方法测定的点，都是相互独立的，不会产生特征点之间的误差积累。即使当个别点有错时，在描绘地物轮廓或等高线时也能及时发现，便于现场改正。因此，极坐标法在地形测图中应用最为普遍。以下所介绍的几种测图的具体方法，均为极坐标法。

（一）经纬仪测绘法

经纬仪测绘法的实质是按极坐标法进行测图。观测时先将经纬仪安置在测站上，绘图板安置于测站旁，用经纬仪测定碎部点的方向与已知方向之间的夹角、测站点至碎部点的距离和碎部点的高程。然后根据测定数据用量角器和比例尺把碎部点的位置展绘在图纸上，并在点的右侧注明其高程，再对照实地描绘地形。

经纬仪测绘法一般只要求用 DJ_6 型经纬仪，量角器则采用具有中心孔的半圆式专用量角器，其半径不得小于 20cm，中心孔偏差不得大于 0.2mm。

经纬仪测绘法操作简单，灵活，适用于各类地区的地形图测绘。操作步骤如下：

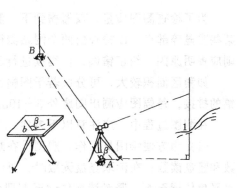

图 8-22　经纬仪测绘法

（1）安置仪器：如图 8-22 所示，安置仪器于测站（控制点）A 上，量取仪器高 i，填入手簿。

（2）定向：经纬仪瞄准定向点 B，置水平度盘读数为 $0°00'00''$。

（3）立尺：立尺员依次将标尺立在地物、地貌特征点上。立尺前，立尺员应弄清实测范围和实地情况，选定立尺点，并与观测员、绘图员共同商定跑尺路线。

（4）观测：转动照准部，瞄准碎部点 1 的标尺，读视距间隔 l，中丝读数 v，竖盘读数 L 及水平角 β。

（5）记录计算：将测得的视距间隔、中丝读数、竖盘读数及水平角依次填入手簿，如表 8-5 所示。根据视距 Kl 和竖直角 α，用计算器计算出碎部点的水平距离和高程。

（6）展绘特征点：用细针穿过量角器的圆心并插在图上测站点 a 处，转动量角器，将量角器上等于 β 角值（特征点 1 为 $102°00'$）的刻划线对准起始方向线 ab（图 8-23），此时量角器的零方向便是碎部点 1 的方向，然后用测图比例尺按测得的水平

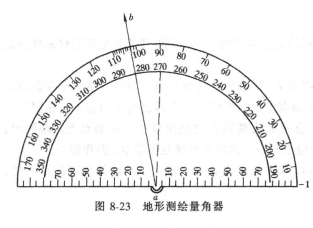

图 8-23　地形测绘量角器

距离在该方向上定出点 1 的位置，并在点的右侧注明其高程。

同法，测出其余各碎部点的平面位置与高程，绘于图上，并随测随绘等高线和地物。

碎 部 测 量 手 簿　　　　　　　　　　　　　　　　　　表 8-5

测站点：A　　定向点：B　　测站点高程：56.43m　　仪器高：1.46m　　竖盘指标差：$0''$

点号	视距(m)	中丝读数(m)	竖盘读数(° ′)	竖直角(° ′)	高差(m)	水平角(° ′)	平距(m)	高程(m)	备注
1	28.1	1.460	93 28	−3 28	−1.70	102 00	28.00	54.73	山脚
2	41.4	1.460	74 26	15 34	10.70	129 25	38.42	67.13	山顶
…									
50	37.8	2.460	91 14	−1 14	−1.81	286 35	37.78	54.62	电杆

为了检查测图质量，仪器搬到下一测站后，应先进行重合点检查，即观测前站所测的某些明显碎部点，以检查由两个测站测得该点的平面位置和高程是否相符。如相差较大，则应查明原因，纠正错误，再继续进行测绘。

如测区面积较大，可分成若干图幅，分别测绘，最后拼接成全区地形图。为了相邻图幅的拼接，每幅图应测出图廓外 5~10mm。

在测图过程中，应注意以下事项：

(1) 为方便绘图员工作，观测员在观测时，应先读取水平角，再读取视距尺的视距读数和竖盘读数；在读取竖盘读数时，要注意检查竖盘指标水准管气泡是否居中；读数时，水平角估读至 5′，竖盘读数估读至 1′即可；每观测 30~40 个碎部点后，应重新瞄准定向方向检查其变化情况，经纬仪测绘法起始方向水平度盘读数偏差不得超过 3′。

(2) 为了简化高程计算，在读取竖直角时，一般可使视距尺上的中丝读数 v 和仪器高 i 相等。

(3) 立尺员在跑尺前，应先与观测员和绘图员商定跑尺路线；立尺时，应将标尺竖直，并随时观察立尺点周围情况，弄清碎部点之间的关系，地形复杂时还需绘出草图，以协助绘图员做好绘图工作。

(4) 绘图员要注意图面正确、整洁、注记清晰，并做到随测、随绘、随检查。

(5) 当每站工作结束后，应进行检查，在确认地物、地貌无测错或漏测时，方可迁站。

(二) 光电测距仪测绘法

光电测距仪测绘地形图与经纬仪测绘法基本相同，其区别在于用光电测距仪来代替经纬仪视距法。

先在测站上安置测距仪，量出仪器高 i；后视另一控制点进行定向，使水平度盘读数为 0°00′00″。立尺员将测距仪的单棱镜装在专用的测杆上，并读出棱镜标志中心在测杆上的高度 v，为方便计算，可使 $v=i$。立尺时将棱镜面向测距仪立于碎部点上。观测时，瞄准棱镜的标志中心。测出斜距 $D′$，竖直角 α，读出水平度盘读数 β，并作记录。

将 α、$D′$ 输入计算器，计算平距 D 和碎部点高程 H。然后，与经纬仪测绘法一样，将碎部点展绘于图上。

(三) 平板仪测图法

平板仪测图是目前一些测绘单位用于测绘大比例尺地形图的一种常用的方法。平板仪是在野外直接测绘地形图的一种仪器，它可以同时测定地面点的平面位置和高程。在平板仪测图中，水平角是用图解法测定，水平距离用皮尺或视距测量，因此平板仪测图又称图解测量。

(四) 野外数据采集机助成图

利用全站仪或经纬仪配合光电测距仪在野外对地形特征点进行实测，以获得观测数据，再将实测数据输入到计算机，由计算机进行数据处理，最后由绘图仪绘制地形图。

数字化测图的野外采集作业模式主要有：(1) 野外测量记录，室内计算机成图的数字测记模式；(2) 野外数字采集，便携式计算机实时成图的电子平板测绘模式。

图 8-24 为利用全站仪在野外进行数字地形测图数据采集的示意图。

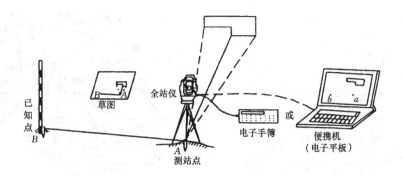

图 8-24　用全站仪数字化测图

第四节　地形图的绘制与拼接

在外业工作中,当碎部点展绘在图上后,就可对照实地随时描绘地物和等高线。如果测区较大,由多幅图拼接而成,还应及时对各幅图衔接处进行拼接检查,使两相邻图幅的共同图廓上所有的地物、地貌、注记等互相拼接。图幅经拼接后,再进行图的清绘与整饰。

一、地物描绘

地物要按地形图图式规定的符号表示。房屋轮廓需用直线连接起来,而道路、河流的弯曲部分则是逐点连成光滑的曲线。不能依比例描绘的地物,应按规定的非比例符号表示,并注意符号的定位中心应与地物的定位中心一致。

二、等高线勾绘

勾绘等高线时,首先用铅笔轻轻描绘山脊线、山谷线等地性线,再根据碎部点的高程勾绘等高线。不能用等高线表示的地貌,如悬崖、陡坎、土堆等,应按图式规定的符号表示。

由于碎部点是选在地面坡度变化处,因此相邻之间可视为均匀坡度。这样可在两相邻碎部点的连线上,按平距与高差成比例的关系,内插出两点间各条等高线通过的位置。如图 8-25 所示,a、b 为图上某一地性线中相邻两点,其高程为 50.2m 和 54.3m。已知地形图的等高距为 1m,则 a、b 之间应有高程为 51、52、53、54m 的等高线通过。因为 ab 相应的地面线 AB 可看做等倾斜的直线,所以 AB 线上高程为 51、52、53、54m 的 C、D、E、F 点,可按相似三角形关系确定在图上相应的位置为 c、d、e、f 点。量得图上 ab 长为 13mm,又知 A、B 两点高差为 $54.3 - 50.2 = 4.1$m,所以:

$$ac = \frac{Cc}{Bb} \cdot ab = \frac{0.8}{4.1} \times 13 = 2.5 \text{mm}$$

$$fb = FP = \frac{Bp}{Bb} \cdot ab = \frac{0.3}{4.1} \times 13 = 1.0 \text{mm}$$

$$cd = de = ef = \frac{1}{4.1} \times 13 = 3.2 \text{mm}$$

在 ab 线上,从 a 点起依次量取 2.5、3.2、3.2、3.2、1.0mm,即得到 c、d、e、f 四点,也即高程为 51、52、53、54m 的等高线在 ab 上的通过点。

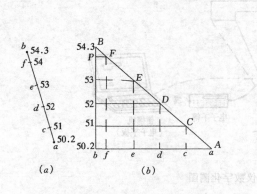
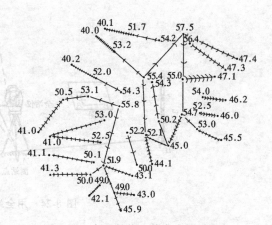

图 8-25　按比例确定等高线通过点　　　　图 8-26　各地性线上等高线的通过点

同法定出其他相邻两碎部点间的等高线通过的点，如图 8-26 所示。将高程相等的相邻点连成光滑的曲线，即为等高线，如图 8-27 所示。

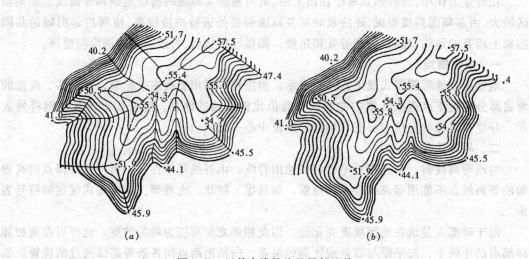

图 8-27　以等高线描绘的局部地貌

上述仅用以说明等分内插等高线的原理，在实际工作中，只需采用目估内插等高线就可以了。

勾绘等高线时，要对照实地情况，先画计曲线，后画首曲线，并注意等高线通过山脊线、山谷线的走向。

三、地形图的拼接、检查与整饰

1. 地形图的拼接

由于测量和绘图误差的存在，分幅测图后，在相邻图幅的连接处，地物轮廓和等高线都不会完全吻合，如图 8-28 所示。为了图的拼接，规范规定每幅图的图边应测出图幅以外 5～10mm，使相邻图幅有一条重叠带，以便于拼接检查。对于聚酯薄膜图纸，由于是半透明的，故只需把两张图纸的坐标格网对齐，利用其自身的透明性，就可以检查接边处的地物和等高线的偏差情况。

图的接边误差不应大于规定的碎部点平面、高程中误差的 $2\sqrt{2}$ 倍。在大比例尺地形图测图中，碎部点的平面位置和按等高线插求点高程的中误差如表 8-6 和表 8-7 所示。图的拼接误差小于限差时可以平均配赋（即在两幅图上各改正一半）。改正时应保持地物、地貌相互位置和走向的正确性并注意地物名称、植被等注记符号的拼接。拼接误差超限时，应到实地检查后再改正。

地物点点位中误差　　　　　表 8-6

地 区 分 类	点位中误差（mm）（图上）	备　注
建筑区、平地及丘陵地	0.5	隐蔽或施测困难的地区，可放宽 50%
山地及旧街坊内部	0.75	

等高线插求点的高程中误差　　　　　表 8-7

地 形 分 类	平 地	丘陵地	山 地	高山地
高程中误差（等高距）	1/3	1/2	2/3	1

图 8-28 地形图的拼接

2．地形图的检查

为了确保地形图质量，除施测过程中应加强检查外，在地形图测完后，必须对成图质量作一次全面检查。地形图的检查包括图面检查、野外巡视和设站检查。

（1）图面检查　检查地形原图整饰是否合乎要求，综合取舍是否合理；图面上各种符号、注记是否正确，包括地物轮廓线有无矛盾、等高线是否清楚、名称注记有无弄错或遗漏、图边拼接有无问题等。检查时，可在原图上覆盖一张透明纸，将检查中发现的问题在纸上用红笔圈出。对于发现的错误或疑点，应到野外进行实地检查修改。

（2）野外巡视　根据室内图面检查的情况，有计划地确定巡视路线，进行实地对照查看。主要检查地物、地貌有无遗漏；等高线是否逼真合理；符号、注记是否正确等。

（3）仪器设站检查　对图上某些有怀疑的地方或重点部分可以进行野外仪器设站检查。设站检查一般采用散点法，在选定的控制点上架设仪器，于四周选择若干立尺点，测定其平面位置和高程，并与原来测定的平面位置和高程进行对照，检查是否符合精度要求，同时也可以借此对地形图进行数学精度的评定。仪器检查量每幅图一般为 10% 左右。

3．地形图的整饰

地形原图经过拼接和检查后，可进行原图的铅笔整饰，使图面更加合理、清晰、美观。整饰的顺序是先图内、后图外；先地物、后地貌；先注记、后符号。图上的注记、地物符号以及等高线均应按规定的图式符号进行注记和绘制。最后，应按图式要求在图框外注写图名和图号、测图采用的坐标系和高程系统、基本等高距、测图比例尺、施测单位名称、测绘者和检查者的姓名、测绘日期等。

第五节　地籍测量简介

一、地籍测量的任务和作用

地籍是记载土地及其附属物的权属、位置、数量、质量和利用现状等基本状况的簿册。调查和测定地籍资料并绘成地籍图的工作，称为地籍测量。它的工作任务包括下列几项：

（1）地籍平面控制测量；

（2）测定行政区划界和土地权属界的位置及界址点的坐标；

（3）调查土地使用单位名称或个人姓名、住址和门牌号、土地权属、土地座落、土地面积、用途、土地类别及地上附着物属性等；

（4）实地勘丈和编制地籍数字册和地籍图，计算土地权属范围面积；

（5）进行地籍更新测量，包括地籍图的修测、重测和地籍册的修编工作。

由地籍测量而获取的土地资料和信息，在经济建设中具有重要的作用：

（1）为土地整治、土地利用、土地规划和制定土地政策提供可靠的依据。

（2）为土地登记和颁发土地证，保护土地所有者和使用者的合法权益提供法律依据。

（3）为研究和制定征收土地税或土地有偿使用的收费标准提供正确的科学依据。

（4）为科学研究提供准确的土地数据、图纸资料。

地籍工作人员必须按照有关部门制定的规范和规程进行工作，特别是地产权属界线的界址点位置必须满足规定的精度。界址点的正确与否，涉及到个人和单位的权益问题。同时地籍资料应不断更新，以保持它的准确性和现势性。

二、地籍平面控制测量

地籍平面控制网是为开展初始地籍细部测量以及经常性地籍测量而布设的平面测量控制网。地籍控制测量坐标系统应尽量采用国家统一的坐标系统。

按照"地籍测量规范"要求，地籍控制测量包括基本控制测量和地籍图根控制测量两部分。基本控制包括二、三、四等三角网，一、二级小三角（或导线）网。以上各等级控制点，除二级外，均可作为地籍测量的首级控制。在较小地区二级控制点也可作首级控制。

上述各等级控制点的施测方法、精度要求以及各项技术规定，可参阅有关规程和规范。

地籍图根控制测量是在基本控制测量的基础上进行的，主要是满足地籍细部测量和日常地籍管理的需要。施测方法可采用图根导线测量和图根三角测量。

由于地籍测量对界址点的点位精度要求远高于碎部测图中对碎部点的精度要求，所以在布设地籍平面控制时，要求地籍控制点有足够的密度，每幅地籍图内至少有两个埋石控制点，基本控制点与图根控制点的数量应满足表8-8的要求。另外，为保证土地权

地籍测量控制点最小密度　　表 8-8

测图比例尺	点数/幅	点数/km²
1:500	9	144
1:1000	12	48
1:2000	16	16

属界址的准确性，有效地保护土地使用者的合法权益，规定界址点点位中误差为5mm，图根点相对于图根起算点的点位中误差不应大于图上0.1mm。

三、土地权属调查与地籍图的测绘

地形图是地物（也称地形要素）和地貌的综合；地籍图则是必要的地形要素和地籍要素的综合。必要的地形要素是指房屋、围墙、栏栅、道路、水系等地物和地理名称。地籍要素是指行政境界、权属界线、界址点、房产性质及土地编号、土地用途、类别、等级、面积等。地籍图还应按规定符号展绘各等级控制点和地籍图根埋石点。此外，地籍图的测绘坐标系统、图幅分幅与编号以及地籍细部测绘技术等与地形图测绘基本相同。

土地权属调查是根据有关政策，利用行政手段，确定界址点和权属界线的工作；而地籍图测绘则主要是将地籍要素按一定的比例尺和图式绘于图上的技术性工作。地籍图测绘需在土地权属调查的基础上进行。

1．土地权属调查

土地权属是指土地的所有权和土地的使用权。土地权属调查是指对土地权属单位的土地来源、权属性质及权利所及的界线、位置、数量和用途等基本情况的调查。

土地权属调查的单元是一宗地（或丘）。凡被界址线所封闭，由土地使用者使用的独立地块，就称一宗地。一宗地原则上由一个土地使用者使用，但由几个土地使用者共同使用而其间界线又难以完全划清的地块也合称一宗地（共用宗地）。宗地号应进行统一的编号，称为地籍号，大城市可采用四级编号法，其形式为"06—12—08—45"，分别代表"城市号——街道号——街坊号——宗地号"，小城市可采用三级编号法，即将四级编号法中的街道号省去。土地权属界的转折点称为界址点。界址点应在街坊范围内统一进行编号。宗地号和街坊号的编号，均应遵循"自左至右，自上而下"的编号原则，从西北角由"1"开始编号。

根据土地用途的差异，《城镇地籍调查规程》将土地分为10个一级地类，24个二级地类，如表8-9所示。

城 镇 土 地 分 类 表　　　　　　表 8-9

一级类型		二级类型		一级类型		二级类型	
编号	名称	编号	名称	编号	名称	编号	名称
10	商业金融业用地	11	商业服务业	60	交通用地	61	铁路
		12	旅游业			62	民用机场
		13	金融保险业			63	港口码头
20	工业、仓储用地	21	工业			64	其他交通
		22	仓储	70	特殊用地	71	军事设施
30	市政用地	31	市政公用设施			72	涉外
		32	绿化			73	宗教
40	公共建筑用地	41	文、体、娱			74	监狱
		42	机关宣传	80	水域用地		
		43	科研、设计	90	农用地	91	水田
		44	教育			92	菜地
		45	医卫			93	旱地
50	住宅用地					94	园地
				100	其他用地		

权属调查的程序和内容，应符合我国现行的土地登记制度。当前我国实行的土地登记

制度，要求对每一宗土地的登记都有三部分内容：(1) 权属者状况。包括权属单位名称或个人姓名、地址、单位法人代表、个人身份证明等。(2) 土地权属和使用情况。包括宗地的界址、面积、座落、用途、等级等。(3) 权利限制情况。即土地及地上建筑物、构筑物的权利限制。

土地权属调查是一项十分细致和严肃的工作。因此调查人员应认真按照有关部门制定的法规、条例和实施细则进行，同时应取得当地政府有关部门的支持，必要时，应组成由测量人员、土地管理部门、地产户主三方一起实地调查，以利于调查工作的顺利开展和确保调查结果的可靠性。

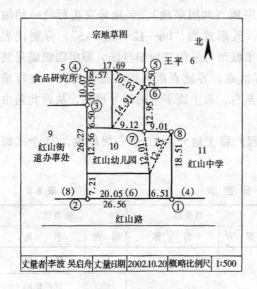

图 8-29 宗地草图

权属调查结果应准确记载在地籍调查表内，并应详细绘制宗地草图，见图 8-29。对权属调查的结果经核实无误后，有关各方均应在地籍调查表上签字盖章。

2．地籍图的测绘

地籍图测绘也称地籍勘丈，它是在地籍平面控制测量的基础上，依据土地权属调查成果资料，测定权属界址点及其他地籍要素（包括主要建筑物及构筑物、道路、河流、湖泊和坑塘等）的平面位置，并按一定的比例尺表示到图纸上的工作。

(1) 地籍测绘的方法 地籍测绘的方法有解析法、部分解析法和图解勘丈法三种。这三种方法的主要区别在于测定界址点所采用的方法不同。

解析法的特征是：所有界址点都用实测元素按公式解析计算其坐标。实际作业中，解析法一般采用极坐标法、截距法、距离交会法等方法进行。

部分解析法的特征是：只有部分界址点（通常是街坊外围的界址点）是用实测元素，按公式解析计算其坐标，其余界址点依靠勘丈值确定。采用这种方法，在部分街坊内部的界址点都没有解析坐标，而需通过勘丈界址点之间的距离和界址点与相邻地物点的相关距离来确定这些界址点和地物点在图上的位置。

图解勘丈法的特征是：不测界址点的坐标，界址点位靠勘丈确定。采用这种方法，所有界址点和地物点只有其相关关系数据，而没有点的解析坐标，所以在进行土地权属调查时，应丈量大量的地籍勘丈距离。

(2) 地籍原图的成图方法 地籍原图的成图方法因地籍图测绘方法的不同而有所不同。

采用解析法测量时，以解析测量的宗地界址点、宗地内主要建筑物特征点的坐标和解析边长为基础，参照宗地草图展绘在图上；勘丈其他地籍要素的几何图形，最后根据宗地草图的有关数据检核，满足精度要求后展绘成地籍原图，并按地籍原图内容进行注记。

采用部分解析法测量时，以街坊为单位进行。先将实测的街坊外围界址点和街坊内部部分宗地界址点的解析坐标展绘在图上，以展绘的解析坐标点为控制点，根据宗地草图上的勘丈数据装绘街坊内部，装绘时应对勘丈数据进行校核，数据如有错误，应到实地检查。经检查和注记地籍要素后的图即为街坊地籍图。对于较大的宗地或较复杂的宗地，可先用图解法测绘宗地内界址点和地物的位置、形状，经宗地草图的勘丈数据校核后装绘街坊内部。

采用图解勘丈法测量的，分下列两种情况编绘地籍原图。

第一种情况：根据图解法直接测绘宗地界址点和其他地籍要素的平面位置，用宗地草图中的勘丈数据对其进行校核、纠正后，注记地籍要素，编绘成地籍原图。

第二种情况：利用近期大比例尺地形图，纠正图纸变形误差后，根据宗地草图的勘丈数据并结合实地补测的界址点和其他地籍要素的位置进行装绘，去掉地形图上与地籍内容无关的地形要素后，编绘成地籍原图。

四、土地面积量算

面积的量算有多种方法，比较常用的方法主要有解析法、方格法、求积仪法及图解法等。这些方法是对单一图形而言的。在地籍测量工作中，往往要求计算土地使用单位（如县、乡、村等）的地类面积或土地总面积分类汇总表。

为保证量算面积正确可靠，量算时应按下列几点要求进行：

(1) 量算面积应在聚酯薄膜原图上进行。当用其他图纸时，必须考虑图纸变形的影响。

(2) 面积计算不论采用何种方法，均应独立进行两次量算。两次量算结果的较差应满足下式

$$\Delta S \leqslant 0.0003 M \sqrt{S} \tag{8-2}$$

式中　S 为量算面积；M 为地籍原图比例尺分母。

(3) 量算面积采用两级控制、两级平差的原则。

第一级以图幅理论面积为首级控制。当各区块面积之和与图幅理论面积之差小于 $\pm 0.0025 S_0$（S_0 为图幅理论面积）时，将闭合差按比例配赋给各区块，得出分区的控制面积。

第二级以平差后的区块面积为二级控制。当区块各宗地的面积之和与区块面积之差的限差，其相对误差小于 1/100 时，将闭合差按比例配赋给各宗地，得出各宗地面积的平差值。

思 考 题 与 习 题

1. 什么是比例尺精度？它在测绘工作中有何作用？
2. 地形图为什么要进行分幅与编号？
3. 已知某图幅的编号为 K-49-38-(38)，试求该图幅西南角图廓点的经纬度。
4. 地物符号有几种？各有何特点？
5. 何谓等高线？在同一幅图上，等高距、等高线平距与地面坡度三者之间的关系如何？
6. 等高线有哪些基本特性？
7. 测图前有哪些准备工作？控制点展绘后，怎样检查其正确性？
8. 根据碎部测量记录（表 8-10）中的数据，计算各碎部点的水平距离和高程。

碎 部 测 量 手 簿   表 8-10

测站点：__A__   定向点：__B__   测站点高程：42.84m   仪器高：1.48m   竖盘指标差：__0″__

点号	视距 (m)	中丝读数 (m)	竖盘读数 (° ′)	竖直角 (° ′)	高差 (m)	水平角 (° ′)	平距 (m)	高程 (m)	备注
1	55.1	1.48	93 28			48 08			
2	40.4	1.48	74 26			56 22			
3	78.3	2.48	87 51			238 46			
4	67.8	2.48	96 14			196 47			

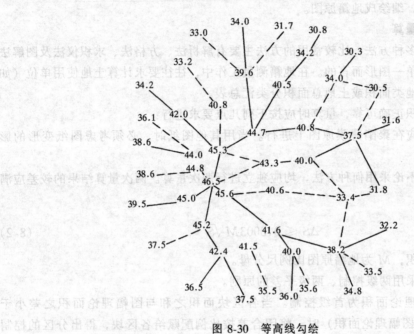

图 8-30 等高线勾绘

9．简述经纬仪测绘法在一个测站上测绘地形图的工作步骤。

10．为什么要进行地形图的拼接？

11．根据图 8-30 地形点描绘等高线（高程注记点的小数点即地形点点位；两点之间实线代表山脊线，虚线代表山谷线，等高距为 1m）。

第九章 地形图的应用

地形图是国民经济和国防建设的重要地形资料。在地形图上可以确定地面点点位、点间距离和直线间的夹角；可以确定直线的方位；可以确定点的高程和两点间高差；计算出面积和体积；可以从图上了解到各种地物、地貌等的分布情况；还可以从图上决定设计对象的施工数据等。利用地形图做底图，还可以编绘出一系列专题图，如地质图、水文图、农田规划图、道路交通图、建筑物总平面图等，也可通过缩编将地形图制作成另一种比例尺的地形图。

第一节 地形图的识读

正确运用地形图，首先要能看懂地形图。通过地形图符号和注记的识读，可使地形图成为展现在人们面前的实地立体模型，以判断其相互关系和自然形态，了解并作为设计和施工的依据。读图前，首先需了解图外的注记。

一、图外注记的识读

要了解这幅图的成图方法、测绘单位、测绘时间、地形图采用的坐标系统、高程系统等，以判断地形图的质量和新旧程度；根据测图比例尺、图名和图号、坐标注记等，了解本幅图所在的位置和所包含的实地范围。

二、地物识读

地形图都是按照《地形图图式》规定的符号绘制的，因此需知道地形图采用的图式版本。识读地形图，要熟悉一些常用的地物符号，区别比例符号和非比例符号，了解这些符号和注记的确切含义。根据地物符号，了解主要地物的分布情况，如村庄名称、公路走向、河流分布、地面植被、农田、村落等地形要素。

三、地貌识读

要正确理解等高线的特性，并根据图上等高线判读出山头、山脊、山谷、盆地、鞍部、绝壁、冲沟等各种地貌情况，能根据等高线的疏密来判读地面坡度及地形走势。

在室内，根据地形图上的等高线认识山区地貌的形态，一般可按如下的要领进行：

（1）首先在图上根据等高线找到一个以上的山顶，读出不少于两个山顶和两条以上计曲线的高程注记值。

（2）山脊和山谷是构成山区地貌形态的骨干，其等高线形状均显著弯曲。由山顶和计曲线的高程注记，可判断何处地势较高，何处地势较低，由此即可分辨出等高线弯曲而凸向低处者为山脊，弯曲而凸向高处者为山谷。若图上有水系符号，亦可利用水系符号找出主要的合水线（山谷线）。由已识别的部分山脊和山谷，根据"两谷之间必有一脊"的规律，可认识其他的山脊和山谷。

（3）在识别山顶、山脊和山谷的基础上，再识别鞍部地貌，并根据等高线的疏密程度不同，分析何处地面坡度小，何处坡度大，以及根据高程注记和等高线的条数，对比各个山顶和地面其他各点之间的高低。

在野外识读地形图的一般程序是：首先进行地形图的定向，并确定读图时站立点的位置，然后判读站立点周围的地形。一般可按照如下要领进行判读：先看实地后看图，先读总貌后读细部；由已知到未知，由地形到地貌；先易后难，先近后远。

第二节 地形图的应用

一、确定图上点的坐标

如图 9-1，欲确定 A 点的坐标，可先作坐标格网的平行线，并分别与格网的纵横线相交于 e、f 和 g、h，再用直尺量出 ag、ae 的图上长度，则

$$\left. \begin{array}{l} x_A = x_a + ag \cdot M \\ y_A = y_a + ae \cdot M \end{array} \right\} \quad (9\text{-}1)$$

式中 M 为地形图比例尺分母。

若求 A 点坐标的精度要求较高时，还应考虑图纸伸缩变形，并对其变形情况进行修正。

二、确定两点间的水平距离

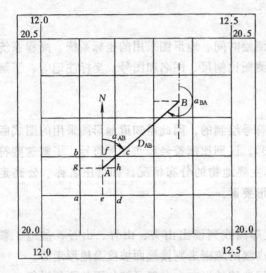

图 9-1 地形图的应用

如图 9-1，欲确定 AB 间的水平距离，可用如下方法求得：

1. 直接量测

用直尺量取图上 AB 间长度 d_{AB}，即可换算为实地水平距离，即

$$D_{AB} = d_{AB} \cdot M \quad (9\text{-}2)$$

直接量取图上距离，也可先用分规对准 A、B 两点，卡出线段的长度，然后在地形图下方的直线比例尺上比量，即得直线 AB 的距离。

2. 解析法

按式 (9-1)，先求出 A、B 两点的坐标，再根据其坐标计算两点间的水平距离

$$D_{AB} = \sqrt{(x_A - x_B)^2 + (y_A - y_B)^2} \quad (9\text{-}3)$$

三、确定两点间的坐标方位角

求算直线 AB 的坐标方位角 α_{AB}，通常是先求出 A、B 点坐标，按下式计算

$$\alpha_{AB} = \text{arctg} \frac{y_B - y_A}{x_B - x_A} \quad (9\text{-}4)$$

根据上式计算出的是直线 AB 的象限角，还必须根据图上 A、B 点的位置将其换算为坐标方位角。

如果对方位角的要求不高时，也可从 A 点作格网的平行线，用量角器直接量取格网平行线北方向与直线 AB 的夹角，即得 α_{AB} 值。

四、确定点位高程

根据地形图上的等高线，可确定任一地面点的高程。如果地面点恰好位于某一等高线上，只要根据注有高程的等高线及基本等高距，便可确定该点的高程。如图 9-2 中，已知基本等高距为 2m 时，则 a 点的高程为 56m。

确定位于相邻两等高线之间的地面点 b 或 c 的高程，应在 b 和 c 点处，作垂直于两相邻等高线的线段 mn 和 st，再依高差和平距成比例的关系求解。图中 $\frac{nb}{mn} = 0.7, \frac{mb}{mn} = 0.3$，则 b 点高程为

$$50 + (2 \times 0.7) = 51.4 \text{m}$$

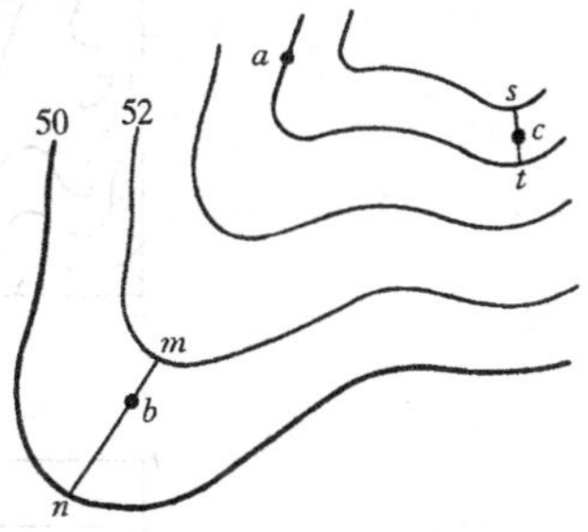

图 9-2 根据等高线确定地面点的高程

如果要确定两点间的高差，则可如上述方法先确定两点的高程，再相减得到。

五、确定两点间直线的坡度

在地形图上求得两点间直线的水平距离 D 及两点间高差 h 后，即可按下式求该直线的坡度 i

$$i = \frac{h}{D} = \frac{h}{d \cdot M} \tag{9-5}$$

式中 d 为两点的图上距离，M 为地形图比例尺分母。

i 有正负之分，正号表示上坡，负号表示下坡。i 常用百分率或千分率表示。

六、绘制线路断面图

过某一线路的铅垂面与地面的交线，在铅垂面上按比例缩小后的地面起伏图形，就是该线路的断面图（或称剖面图）。精确的断面图应在实地直接测定。如果要求不高，则可根据地形图绘制。

图 9-3 为在等高距 $h = 5$m 的 1:10000 比例尺地形图上，沿 AB 方向绘制的断面图。具体作法是：在地形图上过 A、B 两点画出断面线 mn。mn 与各等高线的交点为 a、b、c……r、s；在一张方格纸上绘一直线 PQ，并以 PQ 作为断面图的横坐标轴，代表水平距离，而纵坐标轴 PL 代表高程；在 PQ 上依 ma、mb……ms 的长度逐一定出断面线上 a、b、c……r、s 的相应点 a_1、b_1、c_1……r_1、s_1；从这些点作的垂线，按规定的高程比例尺（一般为距离比例尺的 10 倍或 20 倍）确定这些点的相应高程得断面点 a'、b'、c'……r'、s'，最后用平滑曲线连接各断面点，即得沿 AB 方向的地面断面图。

七、在地形图上量算面积

在设计和建设中，经常需求算某一区域范围的面积。下面介绍两种方法：

1．透明方格纸法

将透明方格纸覆盖在图形上，然后数出该图形包含的整方格数 n_1 和不完整的方格数 n_2。如图 9-4。总方格数约为 $n_1 + \frac{n_2}{2}$，则该范围实地面积为

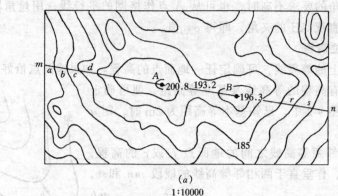

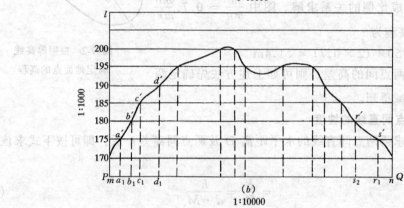

图 9-3 断面图的绘制

$$P = \left(n_1 + \frac{1}{2}n_2\right) \cdot S \cdot M^2 \tag{9-6}$$

式中 S 为一小方格的面积，M 为地形图比例尺分母。

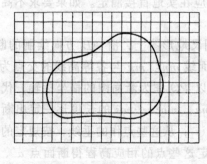

图 9-4 透明方格纸法

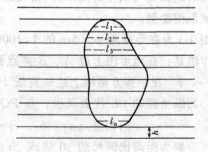

图 9-5 平行线法

2．平行线法

先在透明纸上，画出间隔相等的平行线，如图 9-5 所示。为了计算方便，平行线间隔距离取整数为好。将绘有平行线的透明纸覆盖在图纸上，使被测图形被平行线分割成许多等高的梯形。量测各梯形的中线长度 l_1、l_2……l_n，则图形面积为

$$P = \Sigma l \cdot h \cdot M^2 \tag{9-7}$$

116

式中 h 为相邻平行线间隔距离，M 为地形图比例尺分母。

3．坐标解析法

地形图上所求面积的图形为多边形时（如图 9-6），可先求取多边形上各顶点的坐标，并依次对各顶点进行顺时针编号，然后按下式计算多边形面积

$$P = \frac{1}{2}\sum_{i=1}^{n} y_i(x_{i-1} - x_{i+1}) \qquad (9\text{-}8)$$

或

$$P = \frac{1}{2}\sum_{i=1}^{n} x_i(y_{i+1} - y_{i-1}) \qquad (9\text{-}9)$$

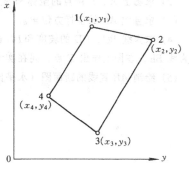

图 9-6 坐标解析法

应用上面两个公式计算出的两个结果，可相互检核。因为是闭合图形，所以当 $i=1$ 时，$i-1=n$，而当 $i=n$ 时，$i+1=1$。

思 考 题 与 习 题

图 9-7 的比例尺为 1:5000，西南角点坐标 $x=44\text{km}$，$y=65\text{km}$，试完成下列作业：

(1) 指出图上的山头、鞍部、盆地、较大的山谷。

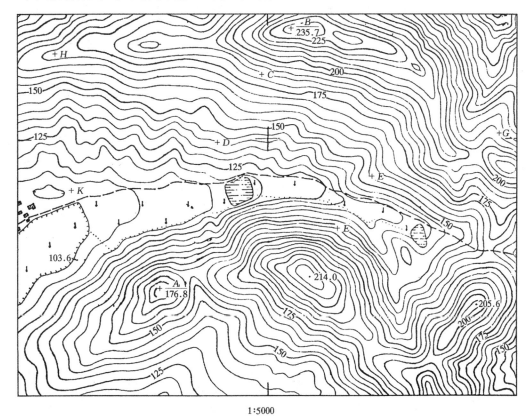

图 9-7 地形图应用

(2) 求图上 A、B 两点的坐标和两点间距离。求 C、D、G、H 的高程。

(3) 求直线 AB 的坐标方位角。

(4) 求直线 BC、CD 的坡度和 BD 的平均坡度。要从 B 点开始沿 BD 方向放样出一条平距为 200m 的直线 BE，在图上作出 E 点，问在实地上应丈量多长的斜距（不计尺长及温度改正）？

(5) 绘制 AB 直线的断面图（水平比例尺 1:5000，竖直比例尺 1:2000）。

第十章 测设的基本方法

测设工作是根据工程设计图上待建的建筑物或构筑物的轴线位置、尺寸和高程，计算待建建筑物和构筑物轴线与控制点（或已建成的建筑物的特征点、线）之间的距离、角度、高差等测设数据，并将待建建筑物或构筑物的特征点（或轴线交点）在实地标定出来，以便施工。

施工中的基本测设包括测设已知的水平距离、水平角、高程和坡度。

第一节 已知水平距离的测设

已知水平距离的测设，是指已知一条线段的方向和一个端点，要标定另一端点，使两点之间的水平距离等于已经给定的值。

一、一般方法

若测设的水平距离精度不太高时，可按一般方法进行测设。

如图 10-1 所示，钢尺零分划处对准线段起点 A，钢尺在已知方向上目估拉平，按给定的距离值 D 标定出线段终点 B'。为了检查检核，应对标定的水平距离 AB' 进行往返丈量，往返丈量的相对误差在容许范围（1/3000～1/5000）内，取其平均值作为最终结果，并对 B' 的位置加以改正，求得 B 点的最后位置，使 AB 两点的水平距离等于给定的距离值 D。改正数 $\delta = D - D'$。当 δ 为正时，向外改正；反之，则向内改正。

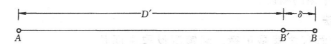

图 10-1 测设已知水平距离

二、精密方法

若测设的水平距离精度要求较高时，就必须考虑钢尺尺长不准、温度及地面倾斜等因素的影响。

测设时，需用经纬仪标定线段的方向，用前述方法在地面上定出 B' 点后，按精密量距方法，测定 AB' 的距离，并加尺长、温度和倾斜三项改正数，求出 AB' 的精确水平距离 D'，求出改正数 $\delta = D - D'$，沿 AB 方向对 B' 点进行改正。δ 为正时，向外改正；δ 为负时，向内改正。

【例】 已知设计水平距离 D_{AB} 为 25.000m，试在地面上由 A 点测设 B 点。先用 30m 钢尺按一般方法标定出 B' 点，再用精密方法测量出 $D_{AB'} = 25.008$m。钢尺的检定长为 29.996m，检定时温度 $t_0 = 20℃$，测量时温度 $t = 8℃$，A、B 两点间高差为 0.65m。则可求得三项改正数：

尺长改正数　　$\Delta l_\mathrm{d} = (29.996 - 30)/30 \times 25.008 = -0.003\mathrm{m}$

温度改正数　　$\Delta l_\mathrm{t} = 1.25 \times 10^{-5} \times (8-20) \times 25.008 = -0.004\mathrm{m}$

倾斜改正数　　$\Delta l_\mathrm{h} = -\dfrac{0.65^2}{2 \times 25.008} = -0.008\mathrm{m}$

因此 AB' 的精确平距 $D' = D_{AB'} + \Delta l_\mathrm{d} + \Delta l_\mathrm{t} + \Delta l_\mathrm{h} = 24.993\mathrm{m}$, $\delta = D - D' = +0.007\mathrm{m}$, 故 B' 点应向外移动 7mm, 得到正确的 B 点, 此时 AB 的水平距离正好为 25.000m。

三、用光电测距仪测设水平距离

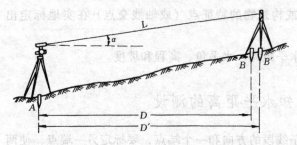

图 10-2　用测距仪测设水平距离

如图 10-2, 在 A 点安置光电测距仪, 瞄准线段的测设方向, 沿此方向移动棱镜位置至 B' 点, 将 B' 点标定在地面上。在 B' 点安置棱镜, 并使棱镜杆严格竖直, 测出棱镜的竖直角 α 及斜距 L, 计算 AB' 的水平距离 $D' = L\cos\alpha$, 再计算水平距离改正数 $\delta = D - D'$。根据 δ 的符号在实地用小钢尺沿已知方向改正 B' 至 B 点, 并在木桩上标定其点位。为了检核, 应再实测 AB 的水平距离, 与已知水平距离 D 比较, 若不符合要求, 应再次进行改正, 直到测设的距离符合要求为止。

第二节　已知水平角的测设

已知一个角的顶点和一条边, 根据这个已知水平角的数值把该角的另一边标定在地面上, 叫做已知水平角的测设。

一、一般方法

一般方法简而言之就是正镜、倒镜测设取中间位置, 如图 10-3 所示。在 O 点安置经纬仪后, 先用盘左位置照准 A, 调整水平度盘读数为 $0°00'00''$, 转动照准部使水平度盘读数为 β 值, 按此时的视线方向定出 B_1 点。为了消除仪器视准轴误差的影响, 进行检查校核与提高精度, 须再用盘右位置重复上述步骤, 定出 B_2 点。一般情况下, B_1、B_2 近于重合, 当 B_1、B_2 相距在允许范围内时, 取 $B_1 B_2$ 连线的中心 B, 则 $\angle AOB$ 就是要测设的水平角。

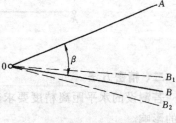

图 10-3　测设水平角

测设后视点 A 时, 如果度盘读数 β_0 并不正好为 $0°00'00''$, 转动照准部去测设 β 角时, 就应使度盘读数为 β 加上瞄准起始方向时的度盘读数 β_0。例如欲测设 $\beta = 60°$, 后视 A 时度盘读数为 $0°01'24''$, 旋转照准部使度盘读数为 $60°01'24''$, 固定照准部, 此时的视线方向才是欲标定的 OB 方向。

二、精确方法

测设已知水平角的精度要求较高时, 应先按上述一般方法测设, 然后对 $\angle AOB$ 进行多个测回的水平角观测,根据观测值与测设值的差值以及测站到该点的距离,计算出标定点需要移动的垂距。

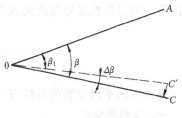

图10-4 精确测设水平角

如图10-4所示,欲测设$\angle AOC = 36°02'45''$,按正倒镜测设取中间位置的方法标定出C'。标定出C'后,用多个测回测得$\angle AOC' = 36°02'27''$,那么,$\Delta\beta = \angle AOC - \angle AOC' = 18''$。已知$OC = 35m$,由此可得
$$CC' = \frac{18''}{\rho''} \times 35m = 0.003m = 3mm。$$

计算出CC'后,过C'点作OC'的垂线,在垂线上量出垂距$CC' = 3mm$,定出C点,则$\angle AOC$即为所要测设的水平角。

第三节 已 知 高 程 的 测 设

已知高程的测设是利用水准测量的方法,根据附近的已知水准点,将设计高程标定到实地上。

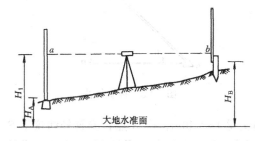

图10-5 测设已知高程

如图10-5,已知水准点A的高程$H_A = 32.481m$,将设计高程$H_B = 33.500m$标定到B桩上。水准仪在A点的后视读数$a = 1.842m$,水准仪的视线高为$H_A + a$,则B桩的前视读数b应为
$$b = (H_A + a) - H_B$$
$$= 32.481 + 1.842 - 33.500 = 0.823m$$

测设时,将水准尺沿B桩的侧面上下移动,当水准尺读数为$b = 0.823m$时,紧靠标尺底面在B桩上划一红线,该红线的高程就是所要求测设的高程。

在测设已知高程点时,如果要测设的高程点与水准点间高差较大(超过水准尺长度),而且地形特殊(如开挖深基坑、厂房吊车梁安装等),除用水准标尺外,还需借助钢卷尺传递高程。如图10-6所示。传递高程时可用钢尺直接丈量,也可将钢尺竖直悬挂(钢尺零点在下端),上、下各用一台水准仪读出两台水准仪视线之间的高差$(b_1 - a_2)$。则仪器在地面上的视线高为:$(H_a + a_1)$;仪器在基坑内的视线高为:$(H_a + a_1) - (b_1 - a_2)$;因此$B$点应读的标尺读数$b_2$应为
$$b_2 = H_A + a_1 - b_1 + a_2 - H_B$$

使用钢尺传递高程时,最好使用检定后的钢尺并在钢尺下端悬挂一定的重物。为了校核,可在改变钢尺的悬吊位置后,再用上述方法测设,两次较差不应超过$\pm 3mm$。为了防止计

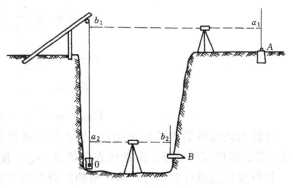

图10-6 向深基坑测设高程

算错误，测设数据最好应由两人进行对算，其结果相同时才能进行测设作业。

第四节 点的平面位置的测设

测设点的平面位置的方法有：直角坐标法、极坐标法、角度交会法和距离交会法等。

一、直角坐标法

直角坐标法是根据已知纵横坐标之差，测设地面点的平面位置。这种方法计算简便、施测方便、精度较高，适用于已布设了与建筑物轴线平行的施工控制网的施工现场。如图10-7所示，欲标定房屋的四个角点 M、N、P、Q，根据控制网点坐标和房屋坐标，可求出房屋长度、宽度及放样数据。测设方法如下：

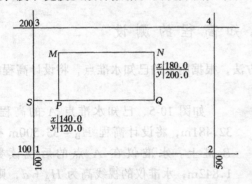

图 10-7 直角坐标法

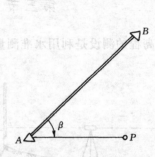

图 10-8 极坐标法

安置经纬仪于 1 点，瞄准 3 点，沿视线方向丈量 $1s = 40m$，得 S 点；安置经纬仪于 S 点，瞄准 3 点，顺时针测设 90°角，沿视线方向丈量 20m 得 P 点，再量 80m 得 Q。用同样方法可测设出 M、N。最后应用经纬仪检查房屋四角是否等于 90°，各边是否等于设计长度，其误差均应在限差以内。

二、极坐标法

极坐标法适用于测设点距已知点近且方便量距的情况。极坐标法是通过测设一个水平角和一段距离来测设点位的，因此，除了安置仪器这个控制点外，还要有另外一个控制点作为定向方向。如图 10-8，A、B 是平面控制点，坐标数据是已知的，P 点是待定点。

测设前要计算出测设数据

$$\alpha_{AB} = \text{arctg} \frac{y_B - y_A}{x_B - x_A}$$

$$\alpha_{AP} = \text{arctg} \frac{y_P - y_A}{x_P - x_A}$$

$$\beta = \alpha_{AP} - \alpha_{AB}$$

$$D_{AP} = \sqrt{\Delta x_{AP}^2 + \Delta y_{AP}^2}$$

计算出测设数据水平角 β 和 D_{AP} 后，安置经纬仪于 A 点，后视 B 点，测设出 $\angle BAP = \beta$，固定经纬仪照准部，沿视线方向量出 D_{AP}，便可标定出 P 点位置。

用极坐标法进行放样时，水平角的测设应用正倒镜法，水平距离也应进行检核并加以改正。

三、角度交会法

若测设点与平面控制点较远而且量距不方便时，常采用角度交会法测设点位。用角度交会法时，交会角应在 30°～150°之间。如图 10-9，A、B 是平面控制点，P 是测设点，要求按 P 点的已知坐标数据将其测设在地面上。与极坐标法一样，角度交会法测设前应根据控制点 A、B 和测设点 P 点的坐标，先计算出方位角 α_{AB}、α_{AP}、α_{BP}、α_{BA}，再计算测设数据

$$\beta = \alpha_{AB} - \alpha_{AP}$$
$$\gamma = \alpha_{BP} - \alpha_{BA}$$

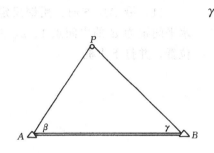
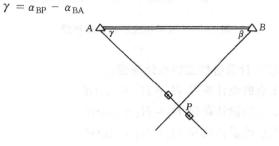

图 10-9　角度交会法　　　　图 10-10　一台经纬仪的角度交会法

在 A、B 两点各安置一台经纬仪，然后分别测设出 β、γ，固定照准部，置测杆或测钎于两台仪器视线方向的交点上，该点就是要测设的 P 点。

在只有一台经纬仪的情况下，可以先在 A 点（或 B 点）安置仪器，测设出 AP 方向后，用测钎或小木桩标定 AP 方向，然后再把经纬仪置于 B 点，测设出 γ 角并交会出 P 点，如图 10-10 所示。

为了保证交会点的精度，实际工作中还可从第三个控制点进行交会，若三个方向线不交于一点，会出现一个三角形（称为示误三角形），当三角形的边长在限差以内，可以取三角形的重心作为测设点 P 的位置。

四、距离交会法

距离交会法适用于测设点和控制点之间的距离不超过钢尺尺长而且量距方便的平坦地区。如图 10-11，根据两个控制点 A、B 的坐标和测设点 P 的坐标，求算出测设数据——测设点到两控制点的距离 D_1、D_2。

测设时，使用两把钢尺，使尺的零刻划对准 A、B 点，将钢尺拉平，分别测设水平距离 D_1、D_2，其交点即为所需测设的点 P。

图 10-11　距离交会法

第五节　已知坡度直线的测设

在平整场地、铺设管道及修筑道路等工程中，经常要在地面上测设设计坡度线。坡度线的测设是根据附近水准点的高程、设计坡度和坡度端点的设计高程，用水准测量的方法将坡度线上各点的设计高程标定在地面上。用水准仪测设有水平视线法和倾斜视线法两种。

一、水平视线法

如图 10-12 所示，A、B 为设计坡度线的两端点，其设计高程分别为 H_A、H_B，AB 设计坡度为 i_{AB}，为使施工方便，要在 AB 方向上，每隔距离 d 钉一木桩，要在木桩上标定出坡度线。施测方法如下：

（1）沿 AB 方向，用钢尺定出水平间距为 d 的中间点 1、2、3 的位置，并打下木桩。

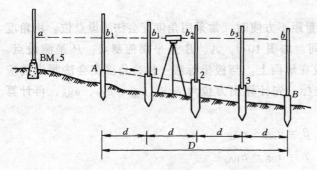

图 10-12　水平视线法测设坡度线

（2）计算各桩点的设计高程：
1 点的设计高程 $H_1 = H_A + i_{AB} \cdot d$
2 点的设计高程 $H_2 = H_1 + i_{AB} \cdot d$
3 点的设计高程 $H_3 = H_2 + i_{AB} \cdot d$
B 点的设计高程 $H_B = H_3 + i_{AB} \cdot d$
或　　　　　　　　　　$H_B = H_A + i_{AB} \cdot D$（检核）

（3）安置水准仪于水准点附近，读出水准点上的标尺读数 a，得仪器视线高程 $H_{视} = H_{BM.5} + a$，然后根据各点的设计高程，计算出测设各点时应读的前视尺读数 $b_j = H_{视} - H_j$（$j = 1$，2，3）。

（4）将水准尺分别靠在各木桩的侧面，上下移动水准尺，使其标尺读数为 b_j 时，沿水准尺底面画一水平横线。各水平横线的连线即为 AB 的设计坡度线。

二、倾斜视线法

如图 10-13 所示，A、B 为坡度线的两端点，其水平距离为 D，A 点的高程为 H_A，要沿 AB 方向测设一条坡度为 i_{AB} 的坡度线，则先根据 A 点的高程、坡度 i_{AB} 及 A、B 两点间的水平距离计算出 B 点的设计高程，再按测设已知高程的方法，将 A、B 两点的高程测设在地面的木桩上。然后将水准仪安置在 A 点上，使基座上一个脚螺旋在 AB 方向上，其余两脚螺旋的连线与 AB 方向垂直，量取仪器高 i。将水准仪照准 B 点上的水准尺，再转动 AB 方向上的脚螺旋和微倾螺旋，使 B 点水准尺

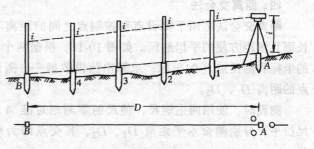

图 10-13　倾斜视线法测设坡度线

上的中丝读数等于仪器高 i，此时，仪器的视线与设计坡度线平行。分别在 AB 方向的中间点 1、2、3……的木桩侧面立尺，上、下移动水准尺，直至标尺上的读数等于仪器高 i 时，沿标尺底面在木桩上画一红线，则各桩红线的连线就是设计坡度线。

如果设计坡度较大，超出水准仪脚螺旋所能调节的范围，则可用经纬仪测设，其方法与水准仪倾斜视线法相同。

思 考 题 与 习 题

1. 测设的基本工作有哪几项？测设与测定有何区别？
2. 如何用一般方法测设已知数值的水平角？
3. 要在地面上精确测设已知长度的线段，需考虑哪些因素？
4. 要在坡度一致的倾斜地面上精确测设水平距离为 126.000m 的线段，预先测定出该线段两端的高差为 3.60m，所用钢尺的检定长度为 29.993m，测设时的温度 $t=10℃$，检定钢尺时的温度 $t_0=20℃$，试计算用这根钢尺在实地沿倾斜地面应量出的长度。
5. 测设点的平面位置有几种方法？各种方法适用于什么情况？
6. 已测设直角 AOB，并用多个测回测得其水平角为 $90°00'48''$，又知 OB 的长度为 150.000m，问在垂直于 OB 方向上，B 点应该向何方向移动多少距离才能得到 $90°00'00''$ 的角？
7. 已知 $\alpha_{MN}=120°06'$，已知点 M 的坐标为 $x_M=10.00\text{m}$，$y_M=10.00\text{m}$，若要测设坐标为 $x_A=45.00\text{m}$，$y_A=38.00\text{m}$ 的 A 点，试计算仪器安置在 M 点用极坐标法测设 A 点所需的数据。
8. 利用高程为 9.531m 的水准点，测设高程为 9.800m 的室内 ±0.000m 的标高线。设用一标尺立在水准点上时，水准仪水平视线在标尺上的读数为 1.472m，问水准仪在室内标尺上的读数为多少时，标尺底部就是 ±0.000m 的标高线。

第十一章 地质勘探工程测量

第一节 地质勘探工程测量

一、概述

在地质勘察过程中，通常将配合地质技术找矿方法的测量工作称为"地质勘探工程测量"。地质勘察工程测量是地质勘察工作中的一项重要的基础工作。其内容分为两部分：一是基础测量，包括矿区测量控制网的布设及图根加密、提供各种比例尺的地形图等；二是工程测量部分，包括各种勘探工程位置的测设，以及完工后最终位置的测定。

勘探工程是沿着与矿体走向基本垂直的直线方向布设的，该直线叫做勘探线。一系列勘探线就组成一个勘探网。在一个矿区通常是布置一组相互平行的勘探线，如图 11-1 (a)，这种形式的勘探网又称平行线形勘探网。有时也将勘探工程布置在两组不同方向勘探线的交点上，两组勘探线相交后可形成正方形、菱形等形状的勘探网，如图 11-1 (b)、(c)、(d)。

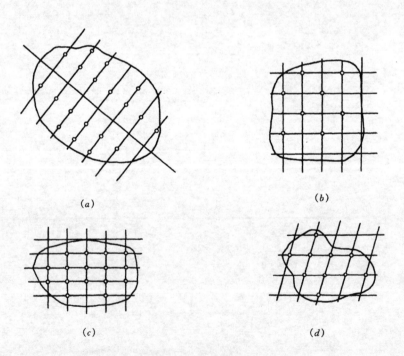

图 11-1 地质勘探网

勘探网中的各条勘探线之间一般都是等间距的，勘探线间的距离称为线距。线距的大小要根据矿床类型及储量勘探级别来定，常用 10m、20m、50m 的整数倍。每条勘探线上的工程间距称为点距，它是根据不同储量级别所规定的相邻工程在矿层面上的间距来确定的。由于矿层面不一定水平,所以勘探线上的工程间距一般不是等间距,也不一定是10m的整数倍。

勘探网是矿区各种勘探工程在图上设计的依据,也是指导施工及储量计算的基本资料。同时,测量人员要在实地布设的工程点位,也是先根据工程在勘探网中的设计位置确定其理论坐标,预先计算出布设中所需的测设数据。所以,勘探工程测量必须先确定勘探网在测量控制网中的位置,即进行勘探网定位。

把勘探网与测量控制网进行连测,称为勘探网的定位联系测量。由于勘探网基本上是一些规则图形,所以只要确定网中某个点的坐标和某条线的方位,就可以推算出其他点的坐标,而整个勘探网在测量控制网中的位置也就被确定了。以平行线型勘探网为例,定位时常把位于矿体中部且平行于矿体走向的一条线定为"勘探基线",如图11-2中的 AB。由于勘探线总是垂直矿体走向布置的,所以勘探基线与各条勘探线垂直相交,其交叉点和勘探基线的端点称为基点。任选某一个基点作为联系原点,确定出该点坐标及勘探基线方位,然后按设计的勘探线间距来推算其余各基点坐标,这就是勘探网的定位联系测量。

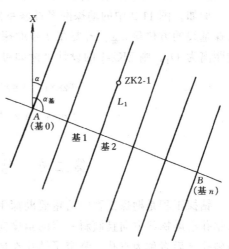

图11-2 勘探网的定位联系测量

整个勘探网中的勘探线应按顺序编号。编号时可将矿区最边缘的一条勘探线编为"零"号勘探线,向一侧按顺序增加。若考虑到以后会进一步加密勘探线,开始时可先按偶数编号;如果还要顾及矿区的扩展,则以矿体中心附近的一条勘探线为"零"号勘探线,按奇、偶顺序分别向两侧编号。其右边的勘探线用偶数号,左边为奇数号。

二、联系原点坐标和勘探基线方位的确定

1. 在地形图上确定

当矿区已有大比例尺地形图,并在图上表明了矿体的边界及走向,勘探基线的位置和方向就可由地质人员在图上确定,也可在图上设计出各勘探线及勘探工程位置。勘探基线和勘探线确定后,选取基线上的某一基点为联系原点,并从地形图上确定该点的坐标值;基线的方位角可从图上量取,也可用罗盘仪测定矿体走向的磁方位角,再根据地形图上的三北方向关系图换算为坐标方位角。然后根据联系原点坐标和基线方位,以及设计的勘探线间距推算出各基点的设计坐标值。最后按照预定的网形,将整个勘探网展绘在设计图上。

2. 在实地选定基点和确定基线方位

由地质人员根据有关的地质资料,直接在实地指定基点位置和基线方向。然后由测量人员利用附近的测量控制点,连测指定的基点坐标和基线方位。同样,最后也应根据推算出的各基点坐标,把整个勘探网展绘到设计图上。

这里需要指出,地质勘探中确定勘探网联系原点坐标和基线方位,虽不像有些工程建设项目那样严格,但是一旦联系原点坐标和基线方位这两个定位元素被确定下来,整个勘

探网和勘探线上的工程点位置，都是按照确定的原点坐标和基线方位来推算的，如果定位元素出现错误，即使能保证勘探网中各点线的相对位置的精度，也会造成勘探工程的返工。因此，确定定位元素和推算勘探工程的放样数据时应仔细校核，防止出现差错。另外，勘探网经过联系定位测量后，并不需要将每个基点都测设到实地，而只要根据工程点在勘探网中的位置，利用相应基点的设计坐标来推求该点的坐标；或是按确定了设计坐标的勘探网展绘有关地质图件。所以说，勘探网中各基点的设计坐标只具有理论上的意义。

例如，图11-2中的勘探网经过联系定位测量后，确定了各基点坐标（$x_{基i}$，$y_{基i}$）和勘探基线的方位角 $\alpha_{基}$。若要在2号勘探线上布设一个钻孔（ZK2-1），并要求它到基2点的距离为 D_1，则 ZK2-1 的设计坐标即可通过下式求得

$$\left.\begin{array}{l} x_{ZK2-1} = x_{基2} + D_1 \cdot \cos(\alpha_{基} - 90°) \\ y_{ZK2-1} = y_{基2} + D_1 \cdot \sin(\alpha_{基} - 90°) \end{array}\right\} \tag{11-1}$$

第二节 钻探工程测量

钻探工程是勘探工程中的重要勘探手段，通过钻探可以得到岩（矿）心实物。一般要求钻孔沿勘探线方向且倾斜一定的角度向下延伸，有时也要求钻孔垂直向下延伸。前者称为斜孔，后者称为直孔。测定了钻孔在地表的平面位置和高程，加上钻孔的孔斜、孔深和方位变化等数据，可为探明地下矿体的深度、厚度、倾角及范围等空间形态，提供直接的测量资料。钻孔测量的任务是测定钻孔的地表位置，至于钻孔的孔深、孔斜及孔内方位的测量，是属于钻探工程的内容，这里不予叙述。

钻探工程的工作量较大，成本费用也较高。所以对于钻孔孔位的布设要谨慎小心，并应仔细核对，以免定错孔位而造成人力、物力的极大浪费。钻孔测量一般分为初测、复测和定测三个阶段。

一、初测

初测也称布孔，其任务是根据钻孔位置的设计坐标，利用已有控制点将其测设到实地上。

布孔前，首先要按钻探任务通知书中的有关数据计算孔位的设计坐标值，并按设计坐标将孔位展绘到勘探网设计图上，检查其是否与设计位置相符，以防止计算中出错。然后根据孔位周围的已知点分布情况，选择合适的已知点和测设方法布孔。孔位布设后，一定要设站检核，防止出错。例如，采用角度交会法布设孔位时，可在孔位上设站观测检查交会角 γ，其观测值与理论值之差一般应小于 $\pm 3'$。

初测中也需测定孔位的初测高程。通常是利用布孔中所用已知点的高程，采用独立三角高程交会方法测定。

二、复测

钻机安装前需要平整场地，经过开拓钻机场地平台的土工作业后，初测标定的孔位标志桩通常会遭破坏。因此，必须在平整后的场地平台上恢复原来布设的钻孔位置，这项工作称为钻孔位置的校正，简称复测。所以在初测定位后，应随即设置复测校正桩作为复测的依据。设置复测校正桩的方法有下列几种：

1. 十字交叉法

如图 11-3（a），过孔位中心标定出勘探线以及与其垂直的校正方向（直孔为任意正交的两个方向），并分别沿着这两个方向，在孔位两侧确定四个复测点，并用木桩标定。复测校正桩应埋得稳固可靠，使之在平整场地时不被破坏。复测时，根据对应复测桩的连线交点来恢复孔位。

2. 直线通过法

如图 11-3（b），沿勘探线（直孔可为任意方向的直线）在孔位两侧埋设两个复测桩，并量取孔位至两侧复测桩的距离（取至 0.1m）。复测时，根据上述量取的距离即可恢复孔位在两复测点连线上的位置。

3. 距离交会法

如图 11-3（c），在孔位周围选定不同方向上的三个点，埋设木桩，分别量取孔位至各复测桩的距离。恢复孔位时，自各复测桩按相应距离拉线相交，所得交点即为孔位中心。

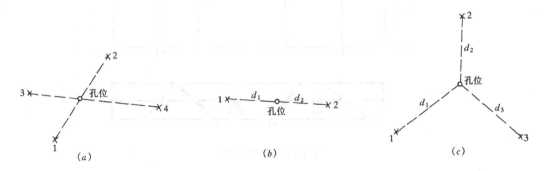

图 11-3 钻孔校正点

为取得复测后的孔位高程，在设置复测桩时还应根据孔位的初测高程，测定两个以上的复测点高程。当孔位恢复后，再根据复测点的高程，重新测定孔位的地面高，以供钻探施工参考。

对于要沿勘探线方向施工的斜孔，恢复孔位后，还要在场地平台两侧的边沿标出勘探线方向桩，并量取孔位至该方向桩的距离，以便在安装钻机时能找到勘探线方向。

复测时，如发现复测桩已被破坏，或者对复测桩位有怀疑，必须按原来的初测方法重新测定孔位位置。

三、定测

钻孔终孔后，由探矿人员按有关规定进行封孔且设置孔口标志。测量人员需要测定封孔标志中心的坐标和标志面的高程，作为钻孔位置的最终资料提交给地质人员使用。

定测孔位相对于附近图根点的平面位置误差不应超过图上 ±0.1mm，故需按解析图根测量的方法和要求来进行定测。在地质勘探工程测量中，通常把从一、二级图根点上测定的钻孔孔位当做三级图根点，所以规定经定测后的钻孔孔位可以作为测定其他地质点和槽、井位置的测站点。

钻孔封孔后的孔位高程测定方法视具体情况而定，当矿区基本比例尺地形图上的等高距为 0.5m 时，需采用水准测量的方法；等高距为 1m 以上时，可采用三角高程测量的方法测定其高程。

第三节 地质剖面测量

地质剖面测量是在已选定的剖面线上，测定剖面上的所有勘探工程点、地质点、重要地物点和地貌特征点等的平面位置和高程，并根据测得的数据绘制剖面图，如图 11-4 所示。在图的下方是该剖面投影平面图，勘探剖面在水平面上的垂直投影称为剖面线。

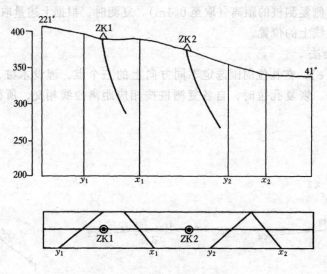

图 11-4　勘探剖面图

一、剖面定线

剖面定线是在实地布设剖面线的起测点和端点，确定剖面线的方向和位置。布设时根据起测点和端点的设计坐标，从已知控制点上进行实地放样，并及时定测这些点的坐标和高程。

为保证剖面测量的精度，在剖面定线中还要根据相应比例尺的要求设置一定密度的剖面控制点（简称剖控点）。例如在 1:1000 比例尺的剖面测量中，用经纬仪视距法进行剖面测量时，相邻剖控点间距不要超过 0.35km。剖控点必须设置在剖面线上，所以先要根据选定的剖控点坐标，将其放样到实地，然后再测定其坐标和高程。

剖面端点及剖控点一般均应埋石，有时也可根据地质工作需要适当减少埋石点数量，但在每条剖面线上的埋石点不得少于两个。

剖面定线时，还应注意检核，以防差错。定线精度的检核，是用任意两个剖控点的定测坐标反算的方位角与剖面设计方位进行比较，其最大偏差 $\Delta \alpha$ 应满足：

$$\Delta \alpha \leqslant \frac{0.6 \times M}{D} \cdot \rho'' \tag{11-2}$$

式中　D 为两剖控点间的距离（m）；M 为地形图比例尺分母。

二、剖面测量方法

1. 经纬仪法

在剖控点上安置经纬仪，以另一剖控点定向并量取仪器高。测量时，沿经纬仪视线方向，依次在地形变换点和加密地形点（应保持图上每隔2～3cm有一个地形点）、地物点、地质点和工程点上树立标尺，用一个盘位读取视距间隔、竖直角及照准高。在较大比例尺（如1/500、1/200）的剖面测量中，距离应采用钢尺或测距仪测定，高差仍可用三角高程测量方法测定。

当测点与测站点不通视或测点离测站点的距离超过视距的允许长度时，则需要转站，转站点即为剖面地形测量中的测站点。转站时距离应往返观测，高差应直反觇观测，较差不超过规定限差时，取中数作为相邻测站点的距离和高差。转站后的方向需按正、倒镜取中的方法来确定。

2．水准仪量距法

这种方法是用经纬仪定向或用三杆定向，沿线标出剖面上各测点。距离用钢尺或光电测距测定，高差用水准仪测定。采用这种方法，测站点间的距离不受限制，在地势平坦的平原、草地、沙漠地区都很适用。

剖面测量中的检核分为两项：一是相邻剖控点间各测站点间距的总和应等于用这两个剖控点坐标反算的边长，其相对误差不应大于1/300；二是相邻剖控点间各测站点间的高差总和应等于这两个剖控点的高差，其高差闭合差不得大于1/3等高距。

计算时应将长度闭合差和高差闭合差按距离配赋到各个测站中。最后再推算出每个测点至起测点的距离和高差。

三、剖面图的绘制

勘探剖面图中应包括下列一些内容：

（1）剖面图名称、编号及剖面比例尺。剖面图的水平比例尺用数字比例尺，竖直比例尺用竖直线状的图示比例尺；

（2）剖面方位；

（3）剖面图的纵、横坐标线，高程线及图廓线；

（4）剖面竖直投影平面图；

（5）剖面控制点、测站点、工程点和剖面地形线。

（一）勘探工程点的偏离距、投影距的计算

因地形条件或其他原因，某些工程点只能偏离剖面线布设。对于偏离剖面线布设的工程点，要在剖面图上展绘它们在剖面线上的位置。为此，展绘剖面图前要计算这些工程点对于剖面线的偏离距和投影距。如图11-5所示，A、B 为剖面线端点，M 为偏离线外的工程点，d 为 M 点的偏离距；L 为 S_{AM} 在剖面线上的投影距。d、L 可通过下式求得

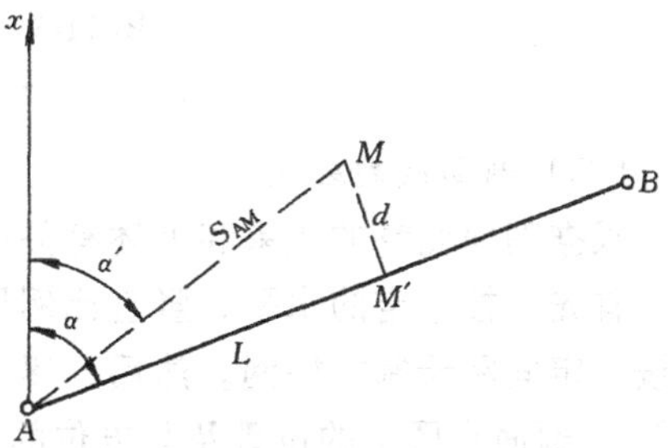

图11-5 偏离距、投影距计算示意图

$$\left.\begin{array}{l}d = S_{AM} \cdot \sin\Delta\alpha \\ L = S_{AM} \cdot \cos\Delta\alpha\end{array}\right\} \quad (11\text{-}3)$$

式中 $\Delta\alpha = \alpha - \alpha'$（$\alpha$ 为剖面线方位角，α' 为 AM 的方位角）。

（二）坐标方格网线与剖面线的交点至剖面线起点（或邻近剖控点）距离的计算

为了能在剖面图上量取剖面中一些点的坐标值，在剖面图上必须加绘 x、y 线。x、

y 线是用以量取剖面上点位间相互关系的一种依据,它是剖面线与坐标网中纵横坐标线之交点垂直延伸后形成的,所以同一剖面中的 x、y 线均是相互平行的。要在剖面图中绘制 x、y 线,则必须先求出相应交点到剖面线起点的距离。如图 11-6 所示,平面图中剖面线 AB 与坐标方格网共有三个交点,各交点至剖面线起点 A 的距离 L_{xi}、L_{yi} 分别为

$$\left. \begin{array}{l} L_{xi} = \dfrac{x_i - x_A}{\cos\alpha} \\ L_{yi} = \dfrac{y_i - y_A}{\sin\alpha} \end{array} \right\} \tag{11-4}$$

式中 x_i 为相应坐标横线的 x 坐标值;y_i 为相应坐标纵线的 y 坐标值;x_A 和 y_A 为剖面线起点 A 的坐标值;α 为剖面线方位角。

由图 11-6 中还可以看出,若要在剖面图上确定某一点的坐标,例如图中 c 点,只要量取 c 点至附近 x、y 线的垂距 L_{xc} 和 L_{yc}(亦即 c 点沿剖面线上至相应交点的距离),再确定交点连线的方位角 α_c(当 c 到相应 x、y 线的方向与剖面线方向一致时,α_c 即为剖面线的方位角 α;相反时则为剖面线的反方位角)。然后按公式(11-4)反算出 c 点到相应 x、y 坐标线的增量 Δx 和 Δy,加上 x、y 线的坐标值后即为 c 点的坐标。同样,要把一些工程点位展绘到剖面图上,也可利用其附近的 x(y)线作为展绘的依据。因此,剖面图上的 x、y 线与平面图上的 x、y 坐标线具有同样的作用。

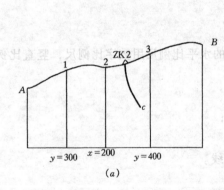
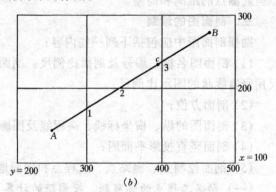

图 11-6 坐标方格网线位置的确定
(a) 剖面图;(b) 平面图

(三)剖面线的绘制

根据剖面测量的成果和上述有关计算,即可着手进行剖面图绘制。

首先,按给定的水平、竖直比例尺及剖面长度与下延深度准备好图纸,在其中适当位置按一定间距绘制方格网。然后,逐一展绘有关内容。

1. 剖面在图中的位置及其方位的标注

剖面图一般以西端点为起点,东端点为终点,因此,剖面方位从西到东为正向。剖面方位角一般注记在东端点的上方,而在西端点上方注记剖面的反方位角。故而西端点上方注记的方位总是在三、四象限内,东端点上方注记的方位则总是在一、二象限内。剖面图(图 11-7)中,已知 AB 方位角为 $\alpha_{AB} = 30°$,所以 A 点位于图中左端,并在其上方注记 210°;在位于图中右端的 B 点上方注记 30°。若剖面恰好位于正南北方向时,则按照"左北右南"的原则绘制。

2．高程线展绘

图纸上的方格网横线即可作为高程线。根据剖面图上最高点和剖面垂直延伸的深度，并考虑剖面垂直比例尺的大小来决定各高程线注记。如在图 11-7 中，垂直比例尺为 1∶2000，高程线注记分别为 700m、600m、500m 和 400m。

3．剖面起始点的展绘

在进行工程点位的偏离距 d、投影距 L 及方格网线与剖面线交点至剖面线起点距离 L_{xi}、L_{yi} 等有关计算时，所确定的起算点（如剖面端点、某剖控点等）一般就是展绘剖面图内容的起始点，其位置应先在图上绘出。展绘时，根据该点在剖面上的位置及剖面全长，选择方格网中某一纵线作为该点的水平位置所在线，然后按该点高程，沿此纵线用分规和比例尺自相近高程线向上（或下）截取相应高差，得起始点位置，并注记编号。图 11-7 中是以剖面端点 A 为起始点，该点选在方格网中最左边的纵线上，并沿此纵线自 700m 高程线向上定出位置。

4．x、y 线的展绘

在图 11-7 的剖面图中，有三根 x 线和两根 y 线。展绘 x 线和 y 线时，可分别自 A 点所在纵线与两条不同的高程线之交点为圆心，以展绘前已经算得的 L_{xi} 或 L_{yi} 为半径，用分规沿这两条高程线刺点，连接所刺的两个点，即为 x_i（或 y_i）线。如果 x（y）线离起始点较远，也可从其附近的方格网纵线上展绘，相应距离可用 L_{xi} 或 L_{yi} 减去相隔的方格网间距。

5．剖控点、勘探工程点的展绘

根据剖控点、勘探工程点到起始点 A 的距离以及各点的高程，按上述方法分别展绘其点位，用相应符号表示并注记编号。对于偏离勘探线的工程点位，按其投影距展绘在剖面图上，并在剖面投影图上，按其偏离距在剖面投影线之上（或下）方展绘其点位，如图 11-7 中的钻孔 ZK3 是偏离剖面线的工程点，反映在投影平面图上，该点位于剖面投影线的下方。

6．剖面地形变换点及地物点的展绘

在展绘地形变换点或地物点之前，可先在剖面图上展绘出剖面测量中的各个测站点位置。然后根据相应测站点展绘各地形点或地物点。各地形点展出后，用自然曲线连接各点（包括已展绘的剖控点、工程点），即为剖面地形线。

剖面图上的地物，应根据展出的地物点及剖面线与地物实体相切的轮廓形象绘出，对于某些不能按比例尺展绘的地物，如塔、石碑、独立树等可用符号表示。

7．剖面投影平面图的展绘

剖面投影平面图绘制于剖面图下方，其比例尺与剖面图比例尺相同。图廓宽一般为 5~6cm，长度较剖面线长 4~5cm。

展绘时，首先在剖面投影平面图的中部绘一条与高程线平行的直线，其长度与剖面线长相等并垂直对应，以这一条直线作为剖面在平面图上的投影。剖面线端点、工程点、地物点等，均按其在剖面图上的位置垂直投影在剖面投影线上，并以相应符号绘出。偏离剖面线的工程点，则按它的投影距和偏离距在平面图上绘出。

然后，要在投影平面图上绘制纵横坐标线。绘制时可先将剖面图上的 x 线、y 线垂直投影于剖面投影线上，得到 x、y 线的各个投影点。然后分别以投影点为圆心，将量角

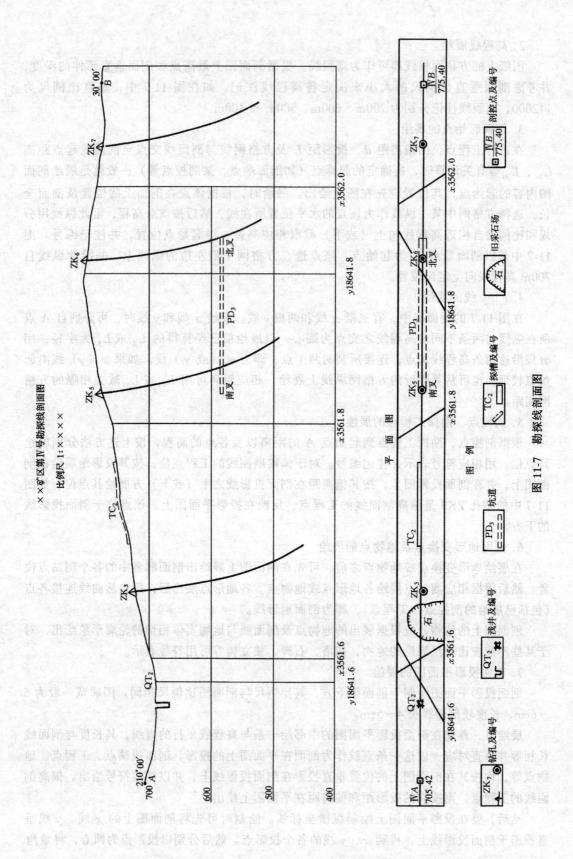

图 11-7 勘探线剖面图

器圆心与其重合并转动量角器，当剖面投影线在量角器上的读数为剖面方位角 α（或 $\alpha \pm 90°$）时，则量角器零分划线与圆心的连线即为 y 坐标线（或 x 坐标线），展绘后在图廓外注记相应的坐标值。

上述内容完成后，还需根据地质资料填绘勘探剖面上的有关地质要素。最后，对图进行检查及整饰清绘。

第四节　地　质　点　测　量

地质点是地质人员在实地进行观察、研究地质现象的观察点，主要有露头点、构造点、岩矿体界线点、水文点、重砂取样点等。地质点的位置应标绘到相应比例尺的地质图上，它是地质图中的重要内容。在图上标定地质点位置的精度要求，与相应比例尺地形测图中测定地物点的精度要求相同。

测定地质点可采用经纬仪测记法或平板仪测绘法。平板仪测绘法的作业方法与平板仪测图中测定碎部点的方法一样。经纬仪测记法的作业方法是：

经纬仪安置在已知点上，用另一个已知点作为定向点，度盘调至 $0°00'$（或以定向点的方位角配置度盘位置），依次读取各地质点的水平角、视距及竖直角。距离读至 0.1m，竖直角读至 $1'$。水平角、竖直角及视距均可采用一个盘位测定，记录格式参见表 11-1。用碎部点测量的方法，将地质点展绘于图纸上，并注记编号。实际测得的地质点高程应与地质点在图上通过等高线插求出的高程一致，差别过大时需检查原因。

地质工程测量记录　　　　　　　　　　　表 11-1

测站点：$N11$　　　　　　定向点：$N13$　　　　　　检查点：$N14$

测点	水平角 (° ′ ″)	视距 (m)	竖直角 (° ′)	平距 (m)	高差 (m)	仪器高 (m)	照准高 (m)	高程 (m)	备注
N13	0 00 00							53.42	定向点
N14	75 23 30								检查点
001	30 29 00	130.3	+15 20	121.2	+32.53	1.20	1.90	85.95	地质点
002	95 42 36	27.5	−09 05	26.8	−3.69	1.20	0.60	49.73	地质点

当矿区采用航测方法成图时，在岩层裸露或是能根据地面目标准确地判、刺地质点位的地区，也可直接在地质调绘片上确定地质点的位置，并在航测内业成图中一并求出各地质点的高程。用于判刺地质点的地质调绘片，一般应采用裱板的放大片。所有地质点都应在实地观察选取，并由两名调绘员在立体镜下刺定点位。地质构造线与地层界线应在野外根据实地影像特征描绘，室内再在立体镜下详细观察修正，处理好地形起伏、地层产状和地层界线三者之间的关系。对于不能准确判刺的地质点位，均需用仪器实测其位置。

思 考 题 与 习 题

1. 地质勘探工程测量包括哪些主要内容？
2. 简要叙述开展地质勘探工程测量的一般过程。
3. 钻孔位置的测设分几个阶段？如何进行？
4. 勘探剖面测量的内容有哪些？绘制剖面图需经过哪些步骤？
5. 为什么要在剖面图上展绘 x、y 线？是否会出现在剖面图上标不出 x 线(或 y)线的情况？为什么？

第十二章 地下坑道测量

第一节 概　述

勘探坑道是用以查明矿体的产状、规模和矿产储量的重要勘探手段之一。勘探坑道的开掘位置、坑道形式、坑道间的相互关系及质量要求，均应事先根据有关地质资料进行设计。

为保证勘探坑道能按设计要求进行施工而进行的专门测量工作，称为坑道测量。

一、勘探坑道工程的类型（见图 12-1）

1. 平硐与平巷

从地表向岩（矿）体水平开掘的坑道称为平硐。水平坑道在地下部分又叫平巷。

2. 斜井

以一定的角度（一般不超过 35°）和方向，从地表向下掘进的倾斜坑道称为斜井。在地下倾斜的坑道又叫斜巷。斜井是进入地下的一种主要通道。

3. 竖井

竖井是一种直通地下且深度与断面较大的铅垂方向坑道，也是进入地下的一种主要通道。竖井的断面形状有圆形、长方形和正方形三种。

此外，在勘探坑道工程中，还包括垂直向上开挖的天井和沿垂直方向连接上、下平巷的盲井和倾斜巷道等。

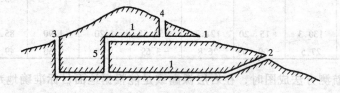

图 12-1　勘探坑道工程主要类型
1—平硐、平巷；2—斜井；3—竖井；4—通天井（小竖井）；5—盲井

二、坑道测量的内容和特点

勘探工程属于地下工程的一种形式。地下工程还包括各种隧道工程、矿山开采中的巷道工程、城市地下铁道工程、人防工程等。我们把配合地下工程施工的测量工作称为地下工程测量，而这些地下工程施工的测量工作在内容和方法上都有很多相同之处。这里以坑道测量为例，简要叙述地下工程测量的主要内容和特点。

1. 指导开挖

为使坑道按照设计要求掘进，在整个施工过程中，都需要正确地定出开挖方向，这项工作又称为坑道定线。坑道定线包括两项内容：一是定方向线，也称定中线，用中线控制坑道的掘进方位；二是定坡度线，也称定腰线，用腰线控制坑道掘进的坡度。

2．建立地下平面与高程控制系统

按照与地面控制测量统一的平面和高程系统，以必要的精度，采用经纬仪导线测量和水准测量（或三角高程测量）的方法，建立地下平面和高程控制系统。地下导线点和高程控制点是坑道定线的依据，同时也是测制坑道平面图、地下建筑物施工放样及地下坑道间相互联系的依据。

3．竖井联系测量

对于通过竖井与地下连通的坑道，必须经由竖井将地面控制网中的坐标、方向和高程传递到坑道中的起始控制点上，以使地下平面控制网与地面的平面控制网有统一的坐标系，地下高程系统与地面高程系统一致，这种传递工作称为竖井联系测量。其中坐标和方向的传递，又称为竖井定向测量。

4．贯通测量

当坑道较长，为加快工程进度、减少工程投资费用，常采用两个或两个以上掘进工作面相对掘进，最后在预定点会合，或者使坑道与已有的孔、洞、坑道连通，称为贯通，这种地下工程叫贯通工程。为保证贯通工程能按设计要求准确地在预定点会合的有关测量工作称为贯通测量。

第二节　井　下　测　量

一、竖井平面联系测量

竖井平面联系测量是将平面控制的坐标、方向经由竖井传递到地下坑道中的方法。它包括两项内容：一是投点，即将地面一点向井下作垂直投影，以确定地下导线起始点的平面坐标，一般采用垂球投点或用激光铅垂仪投点，二是投向（定向），即确定地下导线边的起始方位角。

在竖井平面联系测量中，定向是关键。因为投点误差一般都能保证在 ±10mm 左右，而由于存在定向误差，将使地下导线各边方位角都偏扭同一个误差值，使得地下导线终点的横向位移随导线伸长而增大。如图 12-2 所示，1、2……5 等点为地下导线点的正确位置，由于起始边方位角存在 $\Delta\beta$ 的偏差，使导线发生扭转，其终点 5 的横向位移值为

$$\delta = \frac{\Delta\beta''}{\rho''} \cdot D \quad (12\text{-}1)$$

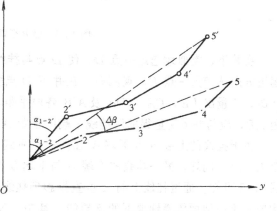

图 12-2　竖井定向误差

式中　D 为导线起始点到终点的直线距离。当坑道较长，例如 $D = 1000$m，$\Delta\beta = \pm 3'$，则导线终点的横向位移可达 ±0.9m。

竖井平面联系测量的方法有若干种，下面介绍通过一个竖井定向的方法——联系三角

形法。

如图 12-3 所示，M、N 为竖井附近地面上的两个已知平面控制点，其坐标分别为 (x_M, y_M)、(x_N, y_N)。首先，在竖井口的上方利用支架和转盘，垂直向井下悬挂两根细金属线 AA' 与 BB'，根据井口宽度，使两线之间尽可能具有较大的间隔。再在井口附近选定一连接点 C，使 C 点与挂线上端 A、B 构成三角形。观测时，先在 N 点安置经纬仪，测出 $\angle MNC = \beta_1$（左折角），再在 C 点安置经纬仪，测出 $\angle NCA = \beta_2$，$\angle NCB = \beta_3$。量出 CN、CA、CB 及 AB 各段平距。

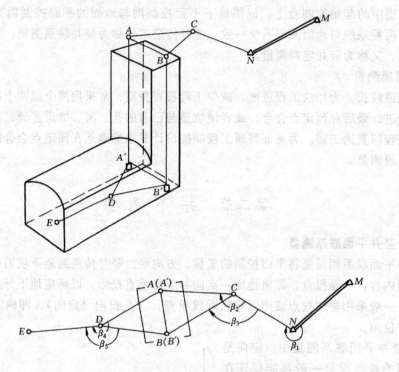

图 12-3 竖井平面联系测量

在井下，类似地选定一点 D，使 D 点与挂线下端 A'、B' 构成三角形；同时，在坑道掘进方向选定另一点 E。观测时，在井下 D 点安置经纬仪，测出 $\angle A'DE = \beta_4$、$\angle B'DE = \beta_5$，并量出 DE、DA'、DB' 及 $A'B'$ 各段平距。应注意：井口所量得的两挂线上端的平距 AB，应与井下所量得的两挂线下端的平距 $A'B'$ 相等，借此可检查两条挂线是否垂直。

由于挂线的上端 A 与下端 A' 在同一铅垂线上，故 A 与 A' 在水平面上的垂直投影重合为一点；同理，另一挂线的上端 B 与下端 B' 在水平面上的垂直投影也重合为一点。由图 12-3 可知，通过挂线上端 A 垂直投影到挂线下端 A'，这样，N、C、$A(A')$、D、E 构成一条由地面传递到地下的支导线，其中，N 为导线起始点，其坐标已知，MN 为导线起始边，其方位角 α_{MN} 可由 M、N 两点的已知坐标用反算公式算出。

显然，如果能求得导线边 $A(A')C$ 与 $A'(A)D$ 的左折角 β_6，则利用测得的连接角 β_1 及 C、D 两点的左折角 β_2、β_4，就可由已知边 MN 的方位角 α_{MN} 依次经由 NC、CA、$A'(A')$、$A'(A)D$ 等导线边，推算出井下 DE 边的方位角。而利用各边的方位角和量得的边长 NC、CA、$A'D$、DE，则可由已知点 N 的坐标，依次经由 C、$A(A')$ 点，推

算出井下 D、E 两点的坐标。但由于在 A（A'）点处无法架设经纬仪观测 β_6，因此需通过联系三角形推算得出。

β_6 的计算方法如下：

在 $\triangle ABC$ 和 $\triangle A'B'D$ 中，根据正弦定律，分别可得

$$\left. \begin{array}{l} \sin\angle CAB = \dfrac{CB}{AB}\sin(\beta_2 - \beta_3) \\[2mm] \sin\angle DA'B' = \dfrac{DB'}{A'B'}\sin(\beta_4 - \beta_5) \end{array} \right\} \tag{12-2}$$

上式等号右边的 CB、AB（$A'B'$）、DB' 等边长及 β_2、β_3、β_4、β_5 等水平角，均为观测出的数据，故由上式按反正弦函数可求得 $\angle CAB$ 及 $\angle DA'B'$，于是

$$\beta_6 = \angle CA(A')D = \angle CAB + \angle DA'B' \tag{12-3}$$

在推算井下导线边的方位角和井下导线点的坐标时，可利用下列公式对有关观测数据进行检核。

在井上 $\triangle ABC$ 和井下 $\triangle A'B'D$ 中，由余弦公式分别可得

$$\left. \begin{array}{l} AB = \sqrt{(AC)^2 + (BC)^2 - 2(AC)(BC)\cos(\beta_2 - \beta_3)} \\[2mm] A'B' = \sqrt{(A'D)^2 + (B'D)^2 - 2(A'D)(B'D)\cos(\beta_4 - \beta_5)} \end{array} \right\} \tag{12-4}$$

由于观测中必然存在着误差，利用式（12-4）所算得的 AB 边长与直接量得的 AB 边长往往不相等；同样，根据式（12-4）算得的 $A'B'$ 边长与直接量得的 $A'B'$ 边长也往往不相等。一般地，当前者之差值不超过 ± 2mm，后者之差值不超过 ± 4mm，即可认为有关观测数据是符合要求的。

二、竖井高程联系测量

为使地下高程系统与地面高程系统一致，在进行坑内高程测量之前，首先要将地面高程系统引至地下，称为坑内高程引测。通过地面平硐口或斜井口向坑内引测高程，可采用水准测量或三角高程测量的方法直接传递高程。对于通过竖井开挖的地下坑道，其高程则需设法从竖井中导入，此项作业又称为导入标高。

如图 12-4，在竖井口上方，利用支架将钢尺自由悬挂在井筒内，钢尺零刻划一端固定在支架或绞盘上，下端放至井底并悬挂重锤。分别在地面和地下安置水准仪，在地面水准点 A 及地下待测水准点 B 上竖立标尺。

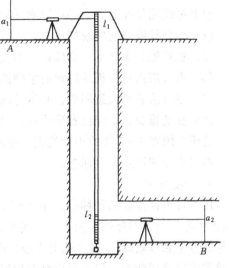

图 12-4 竖井高程联系测量

然后通过电话或其他联络信号，使地面和井下的水准仪同时在钢尺上读出 l_1、l_2 两个读数，再分别在水准尺上读取读数 a_1 及 a_2。则井下 B 点的高程 H_B 为

$$H_B = H_A - (l_2 - l_1) + a_1 - a_2 \qquad (12\text{-}5)$$

式中 H_A 为 A 点的高程；$(l_2 - l_1)$ 为两台水准仪视线间的钢尺长度。

如果 B 点设置在坑道顶板上，标尺应倒立放置（标尺零点朝上），其标尺读数 a_2 以负值代入（12-5）式计算。

三、井下经纬仪导线测量

1．井下导线测量的特点

经纬仪导线测量是在地下建立平面控制常用的方法，它从选点、量距、测角到计算点的坐标，都与地面经纬仪导线测量基本相同。但因导线是在坑道内敷设，与地面导线测量相比较有下列不同的特点：

（1）地面导线的起始点通常设在洞口、平坑口或斜井口，导线起始坐标和方位都是由地面控制测量测定和传递的，必须十分可靠。为此，在导线进洞前一定要进行检核测量。对于经由竖井开挖的坑道，其地下导线的起算数据，通过竖井联系测量来传递。

（2）地下导线在坑道贯通之前只能敷设支导线，因此只能用重复观测的方法进行检核。

（3）在坑道内敷设的导线，其形状完全取决于坑道的形状，而不能像地面导线那样可有选择的余地。

（4）导线测量工作是在坑道施工过程中进行的，因而光线差、空间小、施工干扰等不利条件给测量工作造成一定的困难。

为了适应上述特点，通常在布设地下导线时可先敷设用于施工的短导线，其边长一般为 25～50m。当掘进深度达 100～200m 时，再选择一部分施工导线点敷设成边长较长（50～100m）、精度较高的基本导线，以检查坑道方向是否与设计相符合。

2．导线点位选择和标志埋设

地下导线测量在选点时必须注意下列几点：

（1）相邻导线点间应通视；

（2）在可能的条件下，点位最好不要设置在运输车辆来往频繁的位置；

（3）点位应选在顶板或底板的坚硬的岩石上，以利于点位的保存；

（4）导线边长要大致相等，并尽可能长些，其边长一般不应短于 10m；

（5）在坑道交叉处应设置导线点，以便于今后导线的扩展。

使用年限在 1～3 年的小型坑道，导线点可采用临时标志；使用年限较长的大型坑道内，导线点应埋设永久性标志。

3．角度观测

用于坑道内作业的经纬仪，望远镜上面应刻有"镜上中心"，当望远镜视线水平时，"镜上中心"与仪器竖轴在同一铅垂线上。因此，当在顶板导线点下架设仪器观测时，需在导线点上悬挂垂球，用"镜上中心"进行仪器对中；另外，经纬仪的读数窗口及十字丝等需配有照明装置，仪器还应具有较好的稳定性、密闭性和防爆性。

在角度观测中，可用悬挂在导线点标志上的垂球线作为照准目标，也可使用觇牌。为提高照准精度，一般可在目标后面设置明亮的背景，或是采用较强的光源照明标志。

水平角的观测方法通常采用测回法。对于一般坑道中的导线，以复测支导线的形式施测，即用 DJ_6 型经纬仪往、返各观测一个测回。观测中以导线延伸方向为准，往测测左角，返测测右角，左右角之和与 360°之差不应超过 40″。当坑道贯通以后，以闭（附）合导线施测，其水平角用 DJ_6 型经纬仪观测二个测回，测回较差不超过 25″。

4．边长丈量

井下经纬仪导线的边长大多采用钢尺悬空丈量法丈量。

（1）平巷悬空丈量　当导线边长短于钢卷尺长度时，可在相邻导线点上悬挂垂球线，拉平钢尺，读取垂球线在尺上的读数，即得两点间平距。当导线边长大于钢尺长度时，应在中间加节点分段，使各节点间的分段长小于钢尺长度。节点定线误差应不大于 0.1m。节点标志一般采用膨胀螺钉，并在标志上悬挂垂球线。然后按上述方法丈量各节点间的分段长度，其总和即为导线点间边长。

（2）斜巷悬空丈量　斜巷丈量法与平巷丈量法基本相同，只是在丈量中要使钢尺引张的方向与巷道倾斜方向平行。如图 12-5，在 A 点整置仪器后，以 B 点定向，分别在顶板上定出节点 C、D 并悬挂垂球，将经纬仪视线与坑道倾斜方向平行，用水平丝分别在 B、D、C 三根垂球线上切得交点 B'、D'、C'，并在线上作记号。然后分别丈量 $A'C'$、$C'D'$、$D'B'$ 的长度，其总和就是 A、B 两点间斜距，再根据斜巷坡度化算为平距。

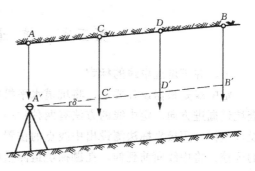

图 12-5　斜巷悬空丈量法

导线边长均需往、返各丈量一次，或同向丈量两次。读数至 5mm，两次丈量的较差不大于 1cm。但为坑道贯通测量敷设的导线，最小读数应为 1mm，两次读数互差不大于 5mm。往返丈量相对误差应不大于 1/4000。

有条件时，井下导线边长也可采用光电测距仪或全站仪测量，其作业过程可大大简化。由于地下导线边长都较短，因此用仪器测量时需特别注意仪器和棱镜的对中，以保证成果质量。

四、井下高程测量

在倾角小于 8°的坑道中，应采用水准仪进行高程测量，大于 8°时则采用经纬仪三角高程测量。为方便作业，井下高程测量常以水准测量和三角高程测量配合进行，即在坑道内每 100m 左右测定一个水准点作为坑内高程控制，其余导线点的高程用三角高程测量方法测定。

坑道内水准测量一般按等外水准施测。如用顶板上的导线点作为水准点，则需用倒尺法传递高差，如图 12-6 所示。倒尺时，每站的高差计算公式仍为 $h = a - b$（即后视读数减前视读数），但 a、b 应以负值代入式中计算。坑道贯通之前或是不需要贯通的坑道，地下水准路线均为支线，应采用往返测或单程双测等方法进行检核。往返测较差在允许范围内，取高差平均值作为最终值，推算出各水准点的高程。坑道内三角高程测量可与经纬仪导线测量同时进行。测量时，如果测站点的点位标志在顶板上时，仪器高为点位标志到仪器中心的距离；同样，目标高为点位标志到照准目标位置的距离。仪器高和目标高应以负值代入高差公式 $h = D \cdot tg\alpha + i - v$，计算出两点间的高差。

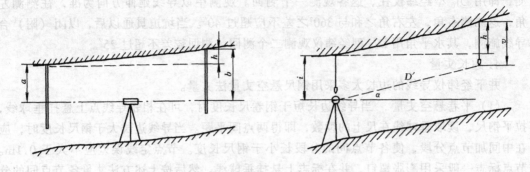

图 12-6 测定顶板上的点的高差

第三节 坑道施工测量

一、井下坑道中线的标定

定中线是根据设计要求，将坑道水平投影的几何中心线标定出来，以便用于控制和检查坑道掘进方向。定中线的方法有两种：一是以地下导线点作为控制点，按坑道中线点的设计坐标，用极坐标法测设出中线点的位置；二是直接将中线方向引进坑道内，随着坑道的开挖，将中线向前延伸。在勘探坑道测量中，通常采用后一种方法定中线，其作业过程如下：

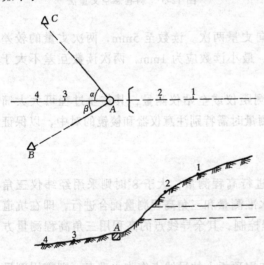

图 12-7 坑道中线的引测

如图 12-7，A 是坑口点，B、C 是邻近坑口的已知点，按照坑道设计方位和 A、B、C 三点的坐标，可求出引进中线方向的测设数据。定线时，在 A 点安置经纬仪，用 C 定向，望远镜右转 α 角，同时在地面视线方向上标定两个以上标志，如图中 1、2、3、4 点。再以 B 点定向，望远镜左转 β 角，检核标定点位置，若不超限，则取平均位置作为中线的位置，并用标志标定点位。

坑道开始掘进后，需将中线及时测至坑道内。坑道每掘进 30m 左右，要在坑道顶板上标定显示中线方向的一组中线点，每组中线点设三个，各点间距不小于 1.0m，如图12-8。最后，分别在三个中线点上悬挂垂球线，用目估定线的方法将中线延长至掘进工作面上，并在工作面上标示出中线的位置。

在坑内标定中线点位置时，可在坑口点或某个中线点上安置经纬仪，后视坑外定向点或前一个中线点，转动相应水平角后即得中线方向。接着沿此方向在坑道顶板上凿孔并钉入木桩，按正、倒镜视线方向的中间位置在木桩上钉入小铁钉，即得新的中线点标志。

在掘进过程中，每掘进 10m 左右，则应依据中线点检查一次掘进的方向是否有偏差并将掘进工作面偏离中心线的情况通知施工单位。

二、井下坑道腰线的标定

坑道的腰线可以指示坑道在竖直面内的倾斜方向，定腰线就是在坑壁上标定出坑道的设计坡线。腰线一般设置在坑道的侧壁上，离坑道底板1.0m或1.2m。在同一坑道内腰线高度应取同一数值。对于平巷，为了便于向外排水，通常以不大于7‰的正坡度标定腰线，而斜巷则应按设计坡度标定腰线。腰线点也是要求每三个一组，一组内的各腰线点间距不小于2.0m，各组的间距也不应大于30m。

标定腰线的方法应根据腰线测设的精度要求和坑道倾角的大小来定，坡度较大的坑道宜用经纬仪标定腰线；精度要求较高且坡度不大于8°的斜巷，

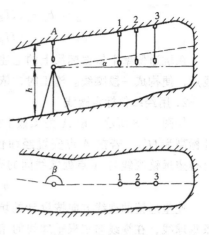

图12-8 中线点的标定

可采用水准仪标定腰线。用经纬仪标定腰线时也可与中线点的标定同时进行。

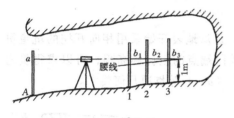

图12-9 用水准仪标定腰线点

1. 用水准仪标定腰线

如图12-9所示，A为已知高程的坑口点或坑道内某个水准点，其高程为H_A，该点处的底板设计标高为H'_A。沿坑道前进方向，拟于坑道侧壁1、2、3点处，按设计坡度i或设计倾角α设置一组腰线点，腰线距设计底板1.0m。若A点沿平行于中线方向到1、2、3点的平距分别为D_1、D_2、D_3，则A点设计底板与1、2、3点设计底板的高差分别为

$$h_1 = D_1 \cdot i = D_1 \cdot \mathrm{tg}\alpha$$

$$h_2 = D_2 \cdot i = D_2 \cdot \mathrm{tg}\alpha$$

$$h_3 = D_3 \cdot i = D_3 \cdot \mathrm{tg}\alpha$$

于是1、2、3点处的腰线标高分别为

$$H'_1 = H'_A + h_1 + 1$$

$$H'_2 = H'_A + h_2 + 1$$

$$H'_3 = H'_A + h_3 + 1$$

式中 1为腰线到设计底板的高度。

在A点与待定腰线点之间适当位置上安置水准仪，在A点及1、2、3点依次竖立水准标尺。设水平视线在A点标尺上的读数为a，则水平视线高为$H_\text{视} = H_A + a$。

设水平视线在1、2、3点标尺上的读数分别为b_1、b_2、b_3，则腰线点的标尺读数c_1、c_2、c_3分别为

$$c_1 = b_1 - (H_\text{视} - H'_1) = H'_1 + b_1 - H_A - a$$

$$c_2 = b_2 - (H_{视} - H'_2) = H'_2 + b_2 - H_A - a$$
$$c_3 = b_3 - (H_{视} - H'_3) = H'_3 + b_3 - H_A - a$$

在坑道侧壁上依据标尺上的上述分划，标出三个腰线点，并用白灰或白漆连接三个腰线点，便构成一段腰线。施工时，依据腰线可及时检查作业面的底板高。

2．用经纬仪标定腰线

如图 12-8 所示，设 A 为顶板上的已知高程点，其高程为 H_A，与 A 点对应的底板设计标高为 H'_A。若在 A 点安置经纬仪，量出经纬仪对于顶板上 A 点的镜上仪器高 i 后，可得望远镜视线与 A 点处腰线间的高差（仍设腰线距底板 1m）

$$h = H_A - i - H'_A - 1$$

使望远镜的视线方向按设计的坑道倾角 α 倾斜，照准前方悬挂于三个中线点上的三条垂球线，在视线与三根垂球线的相交处，作出标记，自标记处沿垂球线量取 h，即得这组垂球线上的三个腰线点。

检查腰线方向（即视线方向）与施工作业面的交点，其与作业面的底板高差是否等于 h，即可了解施工的坡度是否符合要求。

三、贯通测量

最常见的贯通形式如图 12-10 所示，其中 (a) 是从地表开始采用相向开挖的坑道贯通，(b) 是经由竖井开挖的坑道贯通。根据贯通线段端点的坐标和高程，可以求得贯通长度 D_{AB}、贯通倾角（θ_{AB}）以及贯通线段的方位角（α_{AB}）等贯通几何要素。

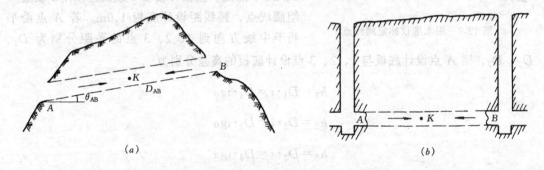

图 12-10　坑道贯通形式

贯通测量的任务是指导贯通工程的施工，以保证坑道能在预定贯通点贯通。就贯通测量中所要进行的作业内容及方法来说，它与没有贯通要求的地下工程测量并无区别。只是由于"贯通"在整个工程中是个关键，如果不能贯通或者贯通偏差值太大，将在人力、物力及时间上造成很大的损失。所以，作业前应根据贯通误差容许值，进行贯通测量的误差预计，保证贯通所必需的精度。

由于地面控制测量、竖井联系测量以及地下控制测量中的误差，使得贯通工程的中心线不能相互衔接，所产生的偏差即为贯通误差。其中在施工中线方向的投影长度称为纵向贯通误差，在水平面内垂直于施工中线方向上的投影长度称为横向贯通误差，在竖直方向上的投影长度称为高程贯通误差。纵向贯通误差仅影响巷道的长度，对巷道的质量没有影响。而横向贯通误差和高程贯通误差直接影响贯通的质量，所以在贯通测量中又把横向贯通误差和高程贯通误差称为重要方向上的误差，在规范中对其有具体的限差规定。贯通测量误差预计也主要是分析贯通点在重要方向所产生的误差大小。

各种贯通工程的容许贯通误差视工程性质而定。例如，铁路隧道工程中规定 4km 以下的隧道横向贯通误差容许值为 ±0.1m，高程贯通误差容许值为 ±0.05m；矿山开采和地质勘探中的坑道横向贯通误差容许值为 ±0.3～±0.5m，高程贯通误差容许值为 ±0.2～±0.3m。

工程贯通后的实际横向偏差值可以采用中线法测定，即将相向掘进的坑道中线延伸至贯通面，分别在贯通面上钉立中线的临时桩，如图 12-11 中 A、B，量取两临时桩间的水平距离，即为实际横向贯通误差。也可在贯通面上设立一个临时桩，分别利用两侧的地下导线点测定该桩位的坐标，利用两组坐标的差值求得横向贯通误差。

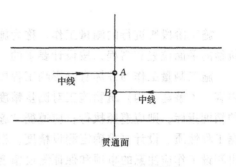

图 12-11　横向贯通误差

对于实际高程贯通误差的测定，一般是从贯通面一侧有高程的腰线点上用水准仪连测到另一侧有高程的腰线点，其高程闭合差就是贯通巷道在竖向上的实际偏差。

所谓贯通测量误差预计，就是预先分析贯通测量中所要实施的每一项测量作业的误差对于贯通面在重要方向上的影响，并估算出贯通误差可能出现的最大值。通过贯通测量的误差预计，可以选择较合理的贯通测量方案，从而既能避免盲目提高贯通测量精度，也不会出现因精度过低而造成返工。

思 考 题 与 习 题

1．地下工程测量的内容可归纳为哪几项？每项工作的目的是什么？相互间有什么联系？

2．在地下导线测量中，为什么要特别注意仪器和照准标志的对中问题？

3．井下导线测量中的导线点与地面导线测量中的导线点点位的埋设有何不同？地下导线测量计算中，对仪器高和目标高应注意些什么？

4．在设计坡度为 $i=2\%$ 的坑道内，已知底板上 A 点的高程 $H_A=-25.00$m，A 点较该处底板设计高程低 0.10m。在 A 点与待设点间安置水准仪，分别读得 A 点和待设点上的标尺读数为 $a=1.60$m、$b=0.70$m，说明如何标出自 A 点向前延伸 50m 处的腰线点 B（规定腰线离底板设计高度为 1.0m）。

5．贯通测量有哪些贯通几何要素？什么叫贯通误差？为什么说横向贯通误差和高程贯通误差是贯通测量中的重要方向上的误差？

第十三章 建筑施工测量

施工阶段所进行的测量工作，称为施工测量。施工测量的目的是把设计的建筑物、构筑物的平面位置和高程，按设计要求的一定的精度测设到地面上，作为施工的依据。

施工测量工作的好坏直接影响工程质量和进度，所以测量人员必须熟悉设计图纸上的内容，了解建（构）筑物施工对测量精度的要求。如果施工规范和工程测量规范中有规定的精度指标，则应遵照执行；应遵循"施工测量精度必须满足工程精度要求"的原则，根据工程性质、设计要求确定测设精度，根据测设精度选用仪器、工具，确定测设方法，提出测设工作应注意的事项和保证测设精度的措施。

第一节 建筑场地上的施工控制测量

在勘察设计阶段，为了满足测图的需要布设的控制网，其点位的分布是基于测图方便而布设的，因此测图控制网的精度和点位密度往往不能满足施工测量的要求，同时，测图控制网中的点位，也很难完好地全部保留到施工阶段。另外，施工中测设点的平面位置的基本方法是直角坐标法，采用直角坐标法要求控制网的纵、横轴线平行于建筑区的基本轴线，而测图控制网没有必要也不可能满足这样的要求。所以，施工之前要建立适合施工测量精度、密度要求，又能适宜直角坐标法放样的施工控制网。

建筑施工控制网的主要形式有建筑基线和建筑方格网。

一、建筑基线

建筑基线也称建筑轴线，它是建筑场地的施工控制基准线，即在建筑场地中央测设一条长轴和若干条与其垂直的短轴线，在轴线上布设所需的点位。建筑基线通常可布设成三点直线形、三点直角形、四点丁字形和五点十字形形式（见图 13-1）。建筑基线由于各轴线之间不一定组成闭合图形，所以这是一种不严密的施工控制形式，仅适用于建筑场地小、建筑物少而且简单的建筑区。

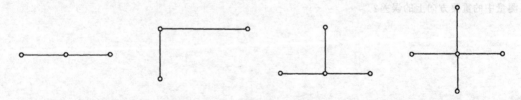

图 13-1 建筑基线的布设形式

建筑基线各点间应相互通视，相邻点间距离的测设精度不应大于 1/10000。

二、建筑方格网

在大中型建筑施工场地上，施工控制网多由正方形或矩形格网组成，称为建筑方格网。建筑方格网是一种特殊形式的施工控制网,其控制点位是根据事先设计好的坐标精确放样到实地的,所以建筑方格网的建立过程实际上就是高精度放样一大批施工控制点的过程。

1. 建筑方格网的特点

(1) 建筑方格网的轴线与建筑区的基本轴线平行,而且纵横轴线间交角轴线应彼此严格地成90°。

(2) 建筑方格网的纵、横轴线与国家平面直角坐标系的纵、横轴线方向一致。当建筑坐标与国家测量坐标系不一致时,在建筑方格网测设之前,应把轴线点的建筑坐标换算为测量坐标,以便求算测设数据。如图13-2所示。P点的建筑坐标(A_P,B_P)换算为测量坐标(x_P,y_P)时,可按下式计算

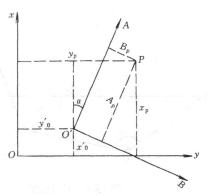

图13-2 建筑坐标与测量坐标的换算

$$\left. \begin{array}{l} x_P = x'_0 + A_P \cdot \cos\alpha - B_P \sin\alpha \\ y_P = y'_0 + A_P \cdot \sin\alpha + B_P \cos\alpha \end{array} \right\} \quad (13\text{-}1)$$

P点的测量坐标(x_P,y_P)换算为建筑坐标(A_P,B_P),可按下式计算

$$\left. \begin{array}{l} A_P = (x_P - x'_0)\cos\alpha + (y_P - y'_0)\sin\alpha \\ B_P = -(x_P - x'_0)\sin\alpha + (y_P - y'_0)\cos\alpha \end{array} \right\} \quad (13\text{-}2)$$

(3) 建筑方格网边长通常为5m、10m的整数倍(一般在50~200m之间),使方格网各控制点的坐标为整数。

2. 建筑方格网的布设

建筑方格网的建立过程分三步:一是设置一条或几条主轴线,控制方格网的位置和方向;二是以主轴线为基础进行方格网点的测设;三是进行方格网点的局部加密。

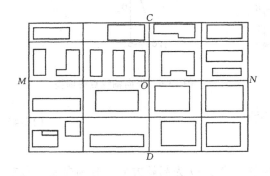

图13-3 建筑方格网的布设

如图13-3所示,布设建筑方格网时,先选定方格网的主轴线 MN 和 CD。主轴线尽可能在建筑区中部,或者使其靠近主要建筑物。方格网点间应保持视线通畅且便于测距和测角,点位标石应能长期保存。建筑方格网可布置成正方形或矩形,当场区面积较大时,常分为两级。首级控制可采用"十"字形、"口"字形或"田"字形,然后再进行加密。

3. 建筑方格网的测设

建筑方格网的形式、主轴线及主轴线定位点(主点)的位置,需根据设计总平面图选定。

建筑方格网的主点一般是根据测图控制点来测设的,测设前可将测图控制点的测量坐标换算成建筑坐标,或将主点的建筑坐标换算成测量坐标,再根据控制点及主点的坐标反算出测设数据。

如图13-4中,N_1、N_2、N_3是测图控制点,A、O、B 为主轴线的主点,根据测设

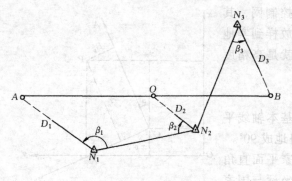

图 13-4 主点的测设

数据 D_1、D_2、D_3 和 β_1、β_2、β_3，用极坐标法测设出 A、O、B 的概略位置，并用混凝土桩把主点固定下来。混凝土桩顶部一般预埋 5cm×5cm 的硬木块，供调整点位使用。

由于测设误差的影响，三个主点一般不在一条直线上，还应进行检测和调整。如图 13-5，A'、O'、B' 为已经在地面上标定出的三个主点，安置经纬仪于 O' 点，多个测回观测 $\angle A'O'B'$，得其值为 β。若 β 与 180°之差大于 10″时，则应按下式调整 A'、O'、B' 的位置

$$\delta = \frac{ab}{a+b}\left(90°-\frac{\beta}{2}\right)\frac{1}{\rho''} \tag{13-3}$$

式中 a、b 是 $A'O'$、$O'B'$ 的距离。

调整时，各主点应沿 AOB 的垂线方向移动同一改正值 δ，使三主点成一直线。

定好 A、O、B 三个主点后，将仪器安置于 O 点，测设与 AOB 轴线垂直的纵向主轴线 COD，并检测其与 AOB 轴线的垂直程度，依下式计算调整值 l（如图 13-6 所示）

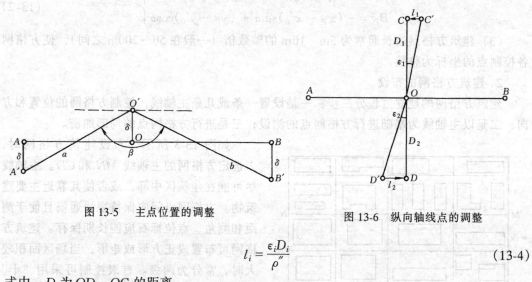

图 13-5 主点位置的调整　　图 13-6 纵向轴线点的调整

$$l_i = \frac{\varepsilon_i D_i}{\rho''} \tag{13-4}$$

式中 D 为 OD、OC 的距离。

主轴线测设好后，分别在主点上安置经纬仪，均以 O 为起始方向，分别向左、向右测设出 90°角，这样就会交出"田"字形方格网点。为了检核，还应在各方格网点上测量其角值是否为 90°，并测量各相邻点间的距离是否与设计距离相等，其误差均应在容许范围内。最后再以基本方格网点为基础，加密方格网中的其余各点。

三、测设工作的高程控制

建筑场地上的高程控制有两点要求：一是在整个施工期间，控制点点位保持不变；二是只需安置一次仪器，就可以将高程传递到拟测设的建筑物上。因此建筑场地上常设置两种类型的水准点：基本水准点和施工水准点。

基本水准点一般应有三个以上，埋设在不受施工影响的能永久保存的地方。直接用以测设建筑物高程的施工水准点，可利用建筑基线点、建筑轴线点的标桩，也可另行埋设。高程控制一般采用四等水准测量方法测定各水准点的高程。施工期间，应经常从基本水准点检测施工水准点的高程，以检核施工水准点高程有无变动。

为了测设方便，在布设建筑区高程控制网时，可以在附近稳固的建（构）筑物上测设出±0.00m水准点。但需注意设计中各建（构）筑物的±0.00m的高程不一定相等，应加以区别。

第二节 民用建筑施工测量

民用建筑指的是住宅、办公楼、食堂、商场、医院和学校等建筑物。施工测量的任务是按照设计要求，把建筑物的位置测设到地面上，再配合施工以保证工程质量。

一、建筑物定位

建筑物的定位，就是把建筑物外围轮廓各轴线的交点（简称角桩）测设到地面上，再根据这些点进行细部放样。建筑物定位测量，需根据设计图中给定的数据测设。在城市建设中，新建建筑物均由规划部门给设计或施工单位规定建筑物的边界位置；在现有建筑群内新建或扩建时，设计图上通常给出拟建的建筑物与原有建筑物或道路中心线的位置关系数据，建筑物的位置就可根据给定的数据在现场测设。现以图13-7为例介绍根据已有建筑物测设拟建建筑物的方法。

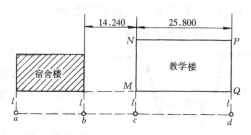

图13-7 根据现有建筑物测设轴线

图中宿舍楼为现有建筑物。首先用钢尺沿宿舍楼东、西墙，延长一小段距离 l 得 a、b 两点，用小木桩标出 a、b 点。经纬仪安置在 a 点，瞄准 b 点，并从 b 点沿 ab 方向量出 14.240m 得 c 点，再从 c 点起沿 ab 方向量 25.800m 得 d 点，cd 线就是用于测设教学楼的建筑基线。然后将经纬仪分别安置在 c、d 两点上，用直角坐标法测设出 M、N、P、Q 四个主点。

主点测设好后，应进行实量检核，即检核 NP 的距离是否等于 25.800m，$\angle N$ 和 $\angle P$ 是否等于 90°，如果误差在容许范围（1/5000 和 1′）内，则可作合理的调整。

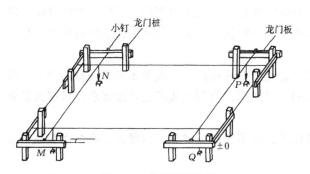

图13-8 龙门板的设置

二、龙门板和轴线控制桩的设置

建筑物定位以后，所测设的轴线交点桩，会因为基槽的开挖而被挖除。为能在施工中随时根据轴线进行细部测设，应在挖槽前把轴线延长到基槽外，并在延长线上设置龙门板或轴线控制桩。

1. 龙门板的设置

如图13-8所示，先在建筑物四角

与内部隔墙两端基槽开挖边线以外 1~2m 处钉设龙门桩，根据场地上的水准点，在每个龙门桩上用水准仪测设出 ±0.00m 的标高线。然后根据龙门桩上测设的 ±0.00m 标高线钉上龙门板。这样龙门板顶面即为标高为 ±0.00m 的水平面，可依龙门板顶面来控制挖槽深度。龙门板标高的测定容许误差为 ±5mm。

龙门板钉好后，根据轴线桩，用经纬仪将建筑物墙、柱的轴线投测到龙门板上，并钉上小钉，检查小钉的间距，其相对误差不应超过 ±5mm。施工时，沿龙门板上各对应的小钉间拉细线，悬吊垂球即可恢复各轴线桩点位置。

2. 轴线控制桩的设置

由于龙门板需用较多的木料，而且占用场地，使用机械挖槽时龙门板更不易保存，因此可以在基槽外各轴线的延长线上引测轴线控制桩，作为开槽后确定主轴线位置的依据。轴线控制桩一般在基槽开挖边线 2~4m 的地方。在多层建筑施工中，为便于向上投点，经纬仪应架设在离基槽较远的地方，如果建筑场地附近有已建成的建筑物，最好在设置控制桩时，同时把轴线投测到建筑物上。

三、基础施工测量

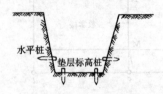

图 13-9　基槽高程测设

基础开挖前，应根据轴线位置和基础宽度，并顾及到基础挖深应放坡的尺寸，在地面上用白灰放出基槽边线。基槽开挖时，在挖到离槽底设计高约 0.3~0.5m 时，用水准仪在槽壁上每隔 2~3m 钉一根水平的小木桩（见图 13-9），称为水平桩，作为清理槽底和打基础垫层并掌握高程的依据。水平桩的测量容许差为 ±10mm。

垫层打好后，利用轴线控制桩或龙门板的轴线钉，用经纬仪在把轴线投测到垫层上，在垫层上用墨线弹出墙中心线和基础边线，并进行严格检核。然后立好基础上的"皮数杆"，即可开始砌筑基础。皮数杆是一根刻有每皮砖及灰缝的厚度、窗口及楼板高度位置等标记的长木条，一般是将其立在建筑物的拐角和隔墙处，作为砌墙时掌握高度和控制砖行水平的依据。

四、建筑物轴线的投测

多层建筑的施工过程中，需要逐层投测轴线位置。投测时，将经纬仪安置在轴线控制桩或轴线延长线上，照准建筑物外墙底部的轴线标志，用正倒镜取中点的方法，将轴线投测到上层楼板边缘或桩顶上，每层楼应测设长线 1~2 条、短线 2~3 条。投测后，需量取投测轴线的间距作检核，其投点容许误差为 ±5mm，间距相对误差不得大于 1/2000。然后根据由下层投测上来的轴线，在楼板上分间弹线。为保证投测精度，作业前应对仪器进行检核，投测时必须精确整平仪器。为避免投点时仰角过大，仪器至建筑物的距离应尽可能大于建筑的高度。

对于高层建筑物轴线的投测，因其对垂直度要求很高（一般要求垂直偏差不超过建筑物全高的 3/10000，总偏差不超过 20mm），用经纬仪投测很难满足精度要求，目前大多采用激光铅垂仪进行轴线投测。

激光铅垂仪是一种专用的垂直定位仪器，适用于高层建筑、深竖井、高烟囱和高塔架的垂直定位测量，如图 13-10 所示。

使用激光铅垂仪可以方便、准确地进行轴线投测。基础施工完毕后，在首层地面距轴线 0.5~0.8m 处设置与轴线平行的辅助轴线，并埋设标志。根据梁柱结构尺寸，在每层楼板相对应的位置处，预留孔洞。投测时，先将仪器安置于底层埋设标志点 A 上，严格对中和整平，接通激光电源，开启激光器，即可发射出铅垂激光基准光束，在楼板的预留洞孔 B 处安置接收屏，用接收屏上的十字线交点对准光斑，然后以接收屏上的十字线为依据，在楼面上刻划出轴线标志，作为楼面定位放线的依据。图 13-11 即为激光铅垂仪投测示意图。

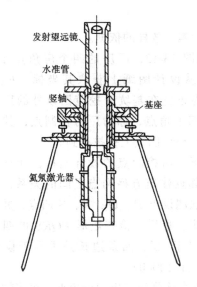

图 13-10　激光铅垂仪

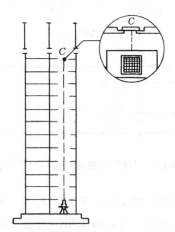

图 13-11　激光铅垂仪投测示意图

五、建筑物的高程传递

建筑物施工中，要由下层楼板向上层传递高程，以便使楼板、门窗口、室内装修等工程的高程符合设计要求。传递高程的方法可采用下面几种：

（1）利用皮数杆传递。通过皮数杆上标明的门窗口、过梁、楼板等构件的高度进行传递。一层砌好后，再从第二层立皮数杆，这样一层一层往上接。

（2）利用钢尺直接垂直丈量。例如沿某墙角由 ±0.00m 处向上直接丈量，将高程传递上去。

（3）在楼梯间悬挂钢尺，用水准仪读数，把下层高程传递到上层。如图 13-12，二层

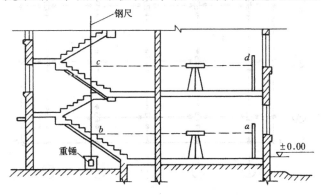

图 13-12　吊钢尺法传递高程

楼面的高程 H_2 可根据一层楼面高程 H_1 求得

$$H_2 = H_1 + a + (c - b) - d \tag{13-5}$$

(4) 使用水准仪和水准标尺，按普通水准测量方法沿楼梯间将高程传递到各层楼面。

第三节 工业厂房施工测量

一、工业厂房控制网的测设

工业厂房施工前，应建立厂房矩形控制网，作为施工放样的依据。

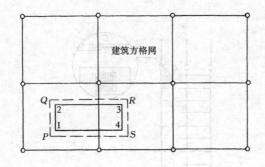

图 13-13 用建筑方格网测设厂房控制桩

如图 13-13，厂房的四个房角点 1、2、3、4 可从设计图纸上获取其坐标。P、Q、R、S 为布置在基坑开挖范围以外的厂房控制网的四个角点，称为厂房控制点，其坐标可预先在设计图纸上查找得到。

根据厂房控制点的设计坐标，计算出控制点与邻近建筑方格网点之间的关系，用直角坐标法测设出 P、Q、R、S 四点，并用大木桩标定。最后，检查矩形 PQRS 的四个内角是否等于 90°，四条边长是否等于设计长度。对一般厂房而言，角度误差 ≤ ±10″，边长误差 ≤ 1/10000。

对于小型厂房，可采用民用建筑的测设方法，即直接测设厂房四个角点，再将轴线投测到轴线控制桩或龙门板上。对大型或设备基础复杂的厂房，则应先测设厂房控制网的主轴线，再根据主轴线测设厂房矩形控制网。

二、工业厂房柱列轴线的测设

厂房柱列轴线的测设工作是在厂房控制网的基础上进行的。

如图 13-14，P、Q、R、S 是厂房矩形控制网的四个控制点，Ⓐ、Ⓑ、Ⓒ 和 ①、②、③、④、⑤ 等轴线均为柱列轴线，其中定位轴线Ⓑ轴和⑤轴为主轴线。柱列轴线的测设可

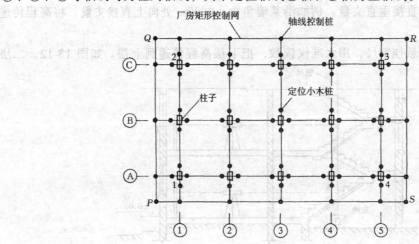

图 13-14 柱列轴线与柱基的测设

根据柱间距和跨间距用钢尺沿矩形网四边量出各轴线控制桩的位置，并打入大木桩，钉上小钉，作为测设基坑和施工安装的依据。

三、工业厂房柱基施工测量

1．柱基的测设

柱基测设就是根据基础平面图，在轴线控制桩上用两台经纬仪同时交会出各柱基的位置后，再根据基础大样图放出基坑开挖线，用白灰标明开挖范围，并在坑边缘外侧一定距离处钉设骑马桩（定位桩），钉上小钉，作为修坑及立模板的依据。

2．基坑的高程测设

当基坑挖到一定深度时，应在坑壁四周离坑底实际高程 $0.3\sim0.5m$ 处设置水平桩（见图13-9），作为基坑修坡和清底的高程依据。此外，还应在基坑内测设出垫层的高程，并在坑底钉立小木桩，使桩顶面高程等于垫层的设计高程。

3．基础模板的定位

打好垫层后，根据坑边的骑马桩，在两细线的交点处吊垂球，把柱基定位线投到垫层上。用墨线标志出桩基中心线，作为安装基础模板的依据。

立模时，将模板底线对准垫层上的定位线，并用垂球检查模板是否竖直。最后用水准仪将柱基顶面设计高程测设在模板内壁。在支杯底模板时，应注意使实际浇灌出来的杯底顶面比原设计的标高略低 $3\sim5cm$，以便拆模后填高修平杯底。拆模后，根据控制桩用经纬仪标定出柱基杯口面上的柱中心线（如图13-15），再用水准仪在杯口内壁定出 $\pm0.00m$ 标高线，以此控制杯底标高。

四、工业厂房柱子的安装测量

柱子安装前，先在柱子的三个侧面弹出柱子中心线，每一面的中心线上分上、中、下画小三角形"▲"标志，以便安装校正。根据牛腿面设计高程，用钢尺量出柱子下平线的高程线，并与杯口内的高程线比较，确定每一杯口内的找平层厚度。

柱子插入杯口后，使柱身基本竖直，三面的中心线与杯口中心线对齐吻合，用木楔或钢楔作临时固定，然后进行竖直校正。校正时，两台经纬仪分别安置在柱基纵横轴附近，如图13-16所示，仪器离柱子的距离约为柱高的1.5倍。柱子竖直后，在杯口与柱子的隙缝中浇捣混凝土，以固定柱子的位置。

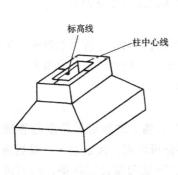

图13-15　杯型基础

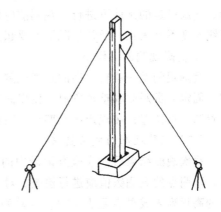

图13-16　柱子的竖直校正

第四节 建筑物变形观测

变形观测是对建筑物、构筑物上的观测点进行重复观测，求得其在观测时间段的变化量，从而了解建筑物、构筑物的变形及变形随时间发展的情况。

一、沉降观测

(一) 水准点和沉降观测点的设置

为使沉降观测成果能正确反映建筑物的沉降量，水准点必须稳固。同时为了对水准点进行相互校核，防止其本身发生变化，以及为防止点位被毁坏，水准点的数目应不少于3个，以组成水准网，对水准点要进行定期检测，以保证沉降观测成果的正确性。

水准点距观测点的距离应适中，其距离不应超过100m，一般距建筑物的距离为1.5～2.0倍基础桩长。另外水准点应布置在受震区以外的安全地点，避免埋设在低洼积水和松软土地带。

沉降观测点的数量和位置，应能全面反映建筑物的沉降状况。观测点通常埋设在建筑物的拐角、纵横墙的交接处、沉降伸缩缝两侧、建筑物荷载变化处以及相隔10～15m的柱基上，观测点埋设时应注意避开暖气管（片）、落水管、窗台、空调架等。观测点的埋设高度距室外地坪30cm为宜。观测点上方应有足够的净空使水准尺直立。沉降观测点的埋设可参照有关规范，采用墙标志、基础标志和隐蔽式标志等型式。

(二) 沉降观测的一般规定

1. 观测周期

观测点埋设并初凝后，进行首次观测。在建筑物主体施工过程中，视基础地质条件及建筑物结构情况，每增加1～2个结构层观测一次；结构顶封后，每隔1～2个月观测一次；竣工后，如果沉降速度减缓，按每隔2～3个月观测一次，直到沉降速度小于0.01mm/日时为止。

2. 观测方法和仪器要求

沉降观测一般用DS_1或$DS_{0.5}$型水准仪及铟瓦标尺，按二等或三等水准测量要求进行观测。首次观测一般采用单程双测或往返观测，以提高初始值的精度。观测应在成像清晰、气温稳定的条件下进行，观测前应检查仪器水准管轴与视准轴平行的条件是否满足。视线长度不宜太长，通常情况下不要超过30m，前、后视距离应尽量相等。

3. 沉降观测的工作要求

沉降观测是一项较长期的连续观测工作，为保证成果的正确性，应尽量做到"四定"，即：固定人员观测和整理资料；使用固定的水准仪和水准尺；使用固定的水准基点、设站位置和转点位置；按规定的日期、方法和路线进行观测。

(三) 沉降观测的成果整理

每次观测结束后，应检查记录中的数据和计算是否正确，观测成果精度是否满足要求。观测点的观测数值应进行检查，对不合理的数值要分析原因，决定取舍。最后将观测点的高程列入成果表见表13-1，计算两次观测期间的沉降量和累计沉降量，绘制沉降曲线图（如图13-17）。

沉降观测成果表 表13-1

工程名称：

观测次数	观测时间	各观测点沉降情况									施工进展情况	荷载情况(kN/m²)
		1			2			3				
		高程(m)	本次下沉(mm)	累计下沉(mm)	高程(m)	本次下沉(mm)	累计下沉(mm)	高程(m)	本次下沉(mm)	累计下沉(mm)		
1	98.1.9	49.343	0	0	49.364	0	0				一层平口	
2	98.2.22	49.338	5	5	49.359	5	5				三层平口	40
3	98.3.15	49.334	4	9	49.355	4	9				五层平口	60
4	98.4.13	49.332	2	11	49.353	2	11				七层平口	70
5	98.5.13	49.331	1	12	49.351	2	13				九层平口	80
6	98.6.3	49.328	3	15	49.348	3	16				主体完	110
7	98.8.29	49.324	4	19	49.344	4	20					
8	99.1.5	49.320	4	23	49.342	2	22					
9	99.4.27	49.318	2	25	49.341	1	23					
10	99.7.5	49.317	1	26	49.340	1	24					
11	99.10.4	49.316	1	27	49.340	0	24					
12	99.11.14	49.316	0	27	49.340	0	24					

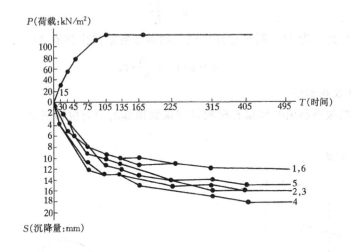

图13-17 沉降位移曲线图

二、位移观测

位移观测是测定建筑物在平面上移动的大小和方向。位移观测首先要在建筑物旁埋设测量控制标志（精度要求较高时，应建造观测墩），再在建筑物上设置位移观测点。位移观测常采用角度前方交会法和基准线法两种。

在测定大型工程建筑物，例如塔形建筑物、水工建筑物的水平位移时，可利用变形影响范围以外的控制点用角度前方交会法进行观测。在两控制点上对观测点进行角度观测后，可按公式（7-23）计算观测点的坐标，由前后两次观测的坐标差计算观测点的水平位

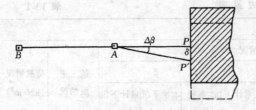

图 13-18 基准线法观测水平位移

移和位移方向。

当要测定建筑物向某一特定方向的位移量时，如大坝在水压力方向的位移、基坑圈梁向坑内位移等，可以在垂直于待测定的方向上建立一条基准线，定期地测量观测标志偏离基准线的距离，就可以了解建筑物的水平位移情况。如图 13-18 所示，A、B 为控制点，P 为观测点，只要测量出观测点 P 与基准线 AB 的角度变化值，即可按下式计算 P 点的位移量 δ：

$$\delta = \frac{\Delta \beta''}{\rho''} \cdot D_{AP} \tag{13-6}$$

式中 D_{AP} 为 A、P 两点间的水平距离。

三、倾斜观测

由于地基承载力不均匀，设计和施工的缺陷及建筑物受外力作用等情况，使建筑物产生垂直偏差而倾斜。建筑物倾斜观测常利用水准仪、经纬仪、垂球或其他专用仪器来测量。

(一) 水准仪观测法

如图 13-19，定期测出基础两端的不均匀沉降，再根据两端点间距离 L，按下式计算基础倾斜度 α：

$$\alpha = \frac{\Delta h}{L} \tag{13-7}$$

如果建筑物高度为 H，则可推算出建筑物顶部的倾斜位移值 δ：

$$\delta = \alpha \cdot H = \frac{\Delta h}{h} \cdot H \tag{13-8}$$

(二) 经纬仪观测法

经纬仪观测法是利用经纬仪直接测量建筑物顶部的倾斜位移值 δ。一般有以下两种方法：

1. 前方交会法

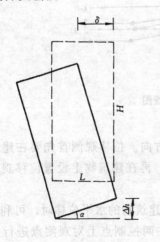

图 13-19 基础沉降法倾斜观测

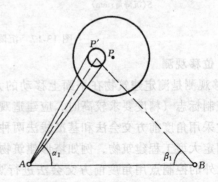

图 13-20 前方交会法倾斜观测

如图 13-20（俯视图），P' 为烟囱顶部中心位置，P 为底部中心位置。在烟囱附近布设基线 AB，在 A 点上安置经纬仪，测定烟囱顶部两侧切线与基线的夹角，取其平均值 α_1，再在 B 点安置经纬仪，得顶部两侧切线与基线夹角的平均值 β_1，利用前方交会法公式（7-24）可计算出 P' 的坐标。同法可测得底部中心 P 点的坐标。用坐标反算公式可反算出 $D_{PP'}$ 和 $\alpha_{PP'}$。实际上，烟囱顶部的位移值 δ 即为 $D_{PP'}$，位移方向即为 $\alpha_{PP'}$。

2. 投点法

经纬仪投点观测，是利用两台经纬仪将建筑物向外倾斜的上部角点向下投影至平地，直接量取倾斜值 δ。在进行观测之前，首先要在进行倾斜观测的建筑物上设置上、下两点，作为观测点，各点应在同一垂直视准轴面内。如图 13-21，M、N 为观测点，如果建筑物发生倾斜，MN 将由垂直线变为倾斜线。观测时，经纬仪的位置距离建筑物应大于建筑物的高度，瞄准上部观测点 M，用正倒镜法向下投点得 N'，如果不重合，则说明建筑物发生倾斜。N、N' 之间的距离即为与视线垂直方向上的倾斜值。同样在另一垂直方向进行观测，即可求算出建筑物的倾斜值和倾斜方向。

四、裂缝观测

建筑物出现裂缝时，为观测裂缝的发展变化趋势，在裂缝的两侧设置观测标。如图 13-22，将长约 10cm 的圆钢镶嵌在墙上，待水泥砂浆初凝后，用游标卡尺定期测量两棒间的间距并进行比较，其距离变化量即为裂缝宽度的变化量。

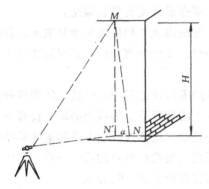

图 13-21　经纬仪投点法倾斜观测

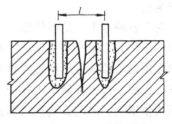

图 13-22　裂缝观测

第五节　竣工总平面图的编绘

一、编绘竣工图总平面图的目的

工程结束后，还应进行竣工测量，编绘竣工图。编绘竣工图的目的在于：（1）将变更设计的情况通过测量反映到竣工总平面图上；（2）便于日后各种设施的维修工作，特别是有利于地下管线等隐蔽工程的检查与维修；（3）为企业的扩建、改建提供各项建筑物、构筑物、地上和地下各种管线及交通线路的坐标、高程等资料。因此，竣工图必须做到准确、完整、真实，符合长期保存的归档要求。

编绘竣工总平面图，需要在施工过程中收集一切有关的资料，加以整理，及时编绘。为此，在工程开始时就应对编绘总平面图加以考虑和安排。

二、编绘竣工总平面图的方法

（一）绘制前的准备

1. 决定竣工总平面图的比例尺

竣工总平面图的比例尺一般应与设计总平面图的比例尺相一致。若设计总平面图比例尺过小，则采用1∶500或1∶1000的比例尺。

2. 绘制竣工总平面图坐标方格网

竣工总平面图一般在聚酯薄膜纸上绘制，方格网的绘制方法和要求与地形测图相同。

3. 展绘控制点

以图纸上绘出的坐标方格网为依据，将施工控制网点按坐标展绘在图上。图上控制点对所邻近的方格而言，其容许误差为±0.3mm。

4. 展绘设计总平面图

在编绘竣工总平面图之前，应根据坐标格网，先将设计总平面图的图面内容按其设计坐标，用铅笔展绘于图纸上作为底图。

（二）竣工总平面图的编绘

竣工总平面图应依据设计总平面图、单位工程平面图、纵横断面图和设计变更资料以及定位测量资料、施工检查测量、竣工测量资料等绘制。

凡按设计坐标定位施工的工程，应以测量定位资料为依据，按设计坐标和标高编绘。建筑物的拐角、起止点、转折点应根据坐标数据展点成图；对建筑物的附属部分，如无设计坐标，可用相对尺寸绘制，若原设计变更，则应根据设计变更资料编绘。

在每一个单位工程完成后，应进行竣工测量，并提出该工程的竣工测量成果。若竣工测量成果与设计值的比差不超过规定的定位容许差时，按设计值编绘；否则应按竣工测量资料编绘。

对于各种地上、地下管线，应用各种不同颜色的墨线绘出其中心位置，注明转折点及井位的坐标、高程及有关注记。在一般没有设计变更的情况下，墨线绘的竣工位置与按设计原图用铅笔绘的设计位置应该重合。随着施工的进展，逐渐在底图上将铅笔线都绘成为墨线。在图上按坐标展绘工程竣工位置时，和在图底上展绘控制点的要求一样，均以坐标格网为依据进行展绘，展点对邻近的方格而言，其容许误差为±0.3mm。

对于无法依据有关资料在室内绘出的建筑物、构筑物，其竣工位置应到实地进行测量，同时在现场绘制草图，最后根据实测成果和草图，在室内进行展绘，便成为完整的竣工总平面。

竣工图上如果线条过于密集时，可采用分类编图（如综合竣工总平面图、管线竣工总平面图等），或者局部采用更大比例尺。

三、竣工总平面图的附件

竣工图编绘完成后，还应将竣工总平面图有关的资料分类装订成册，作为其附件保存：

(1) 建筑场地及其附近的测量控制点布置图及坐标与高程一览表；

(2) 建筑物或构筑物沉降及变形观测资料；

(3) 地下管线竣工纵断面图；

(4) 工程定位、检查及竣工测量的资料；

(5) 设计变更文件；

(6) 建设场地原始地形图等。

思 考 题 与 习 题

1．如何根据建筑方格网进行建筑物的定位放线？为什么要设置龙门板或轴线控制桩？

2．图 13-23 中已绘出新建建筑物与原有建筑物之间的相互关系，试述测设新建建筑物的方法和步骤。

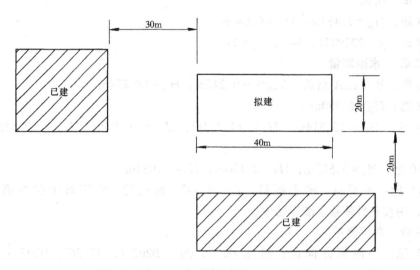

图 13-23　测设新建建筑物

3．厂房主轴线及矩形控制网如何测设？如图 13-24，测得 $\beta = 180°00'42''$。设计 $a = 150.000\mathrm{m}$，$b = 100.00\mathrm{m}$，试求 A'、O'、B' 三点的调整移动量 δ。

4．对厂房柱子的安装测量有何要求，如何进行校正？

5．建筑物的高程传递有哪几种方法？建筑物轴线投测有哪些方法？用经纬仪投测轴线时，为什么要使仪器至建筑物的距离应尽可能大于建筑物的高度？

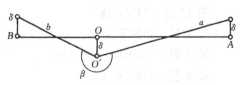

图 13-24　主轴线的调整

6．建筑物沉降观测水准点的埋设要求有哪些？沉降点的位置如何确定？简述建筑物沉降观测的目的和方法。

7．为什么要编绘竣工总平面图？竣工总平面图包括哪些内容？

参 考 答 案

第一章　绪论

第3题：$H_A = 7.463$m、$H_B = 6.640$m

第7题：$y = 20290416.54$m、$\lambda_0 = 117°$

第二章　水准测量

第6题：B点比A点低，$h_{AB} = -0.242$m、$H_B = 18.274$m

第8题：$H_B = 6.990$m

第9题：$H_1 = 12.314$m、$H_2 = 14.721$m、$H_3 = 11.592$m、$H_4 = 12.845$m、$H_5 = 15.550$m

第10题：$H_1 = 5.562$m、$H_2 = 4.150$m、$H_3 = 5.934$m

第11题：不平行，向上倾斜；$i = +54″$；校正时，十字丝中丝对准正确读数1.664m，用校正针使管水准器居中。

第三章　角度测量

第7题：一测回方向值：树北 $00°00′00″$、B202 $63°47′36″$、B203 $132°22′39″$、B204 $163°23′57″$、$\alpha = 63°47′36″$、$\beta = 132°22′39″$、$\gamma = 99°36′21″$

第10题：目标A：指标差 $x = +12″$、竖直角 $= +10°39′48″$；目标B：指标差 $x = +6″$、竖直角 $= -8°32′24″$

第17题：$71°44′18″$

第四章　距离测量

第3题：1/4058、324.64m

第5题：119.9637m

第9题：

点号	1	2	3	4	5	6	7	8
高差	+0.15	+0.33	-0.63	+6.51	-3.79	-0.48	-5.66	+6.63
平距	8.5	10.7	20.6	46.9	66.2	90.9	101.2	88.9

第六章　测量误差的基本知识

第4题：算术平均值 124.385m、观测值中误差 $±7.5$mm、算术平均值中误差 $±3.7$mm、算术平均值相对中误差 1/33000

第5题：算术平均值 $131°18′13″$、观测值中误差 $±6.6″$、算术平均值中误差 $±2.9″$

第6题：$m_\gamma = ±10.8″$

第7题：圆周长的中误差 $±3.14$mm

第8题：$m_读 = ±1.6$mm

第七章　小地区控制测量

第 7 题：(1) $\Delta x_{AB} = -276.98$m、$\Delta y_{AB} = -118.98$m

(2) $x_N = 4136.68$m，$y_N = 7620.24$m

(3) $\alpha_{AB} = 291°45'36''$，$D_{AB} = 926.82$m

(4) $\beta = 293°54'57''$

第 8 题：$f_\beta = +30''$、$f_x = -0.13$m、$f_y = -0.03$m、$K = 1/4780$；$x_2 = 649.20$m、$y_2 = 569.20$m；

$x_3 = 754.15$m、$y_3 = 615.20$m；$x_4 = 700.21$m、$y_4 = 768.44$m；$x_5 = 575.39$m、$y_5 = 721.03$m

第 9 题：$f_\beta = +60''$、$f_x = -0.08$m、$f_y = +0.10$m、$K = 1/4830$；$x_1 = 1347.35$m、$y_1 = 5048.91$m；

$x_2 = 1446.92$m、$y_2 = 5189.59$m；$x_3 = 1577.16$m、$y_3 = 5131.10$m

第 10 题：$x'_P = 58129.66$m，$y'_P = 44606.22$m；$x''_P = 58129.68$m，$y''_P = 44606.19$m；
$x_P = 58129.67$m，$y_P = 44606.20$m

第八章　大比例尺地形图测绘

第 3 题：经度 118°48'45''、纬度 42°47'30''

第 8 题：

测站点：<u>A</u>　定向点：<u>B</u>　测站点高程：<u>42.84m</u>　仪器高：<u>1.48m</u>　竖盘指标差：<u>0''</u>

点号	视距 (m)	中丝读数 (m)	竖盘读数 (° ′)	竖直角 (° ′)	高差 (m)	水平角 (° ′)	平距 (m)	高程 (m)	备注
1	55.1	1.48	93 28	-03 28	-3.33	48 08	54.9	39.51	
2	40.4	1.48	74 26	+15 34	+10.44	56 22	39.0	53.28	
3	78.3	2.48	87 51	+02 09	+2.94	238 46	78.19	44.78	
4	67.8	2.48	96 14	-06 14	-7.32	196 47	67.0	34.52	

第九章　地形图的应用

(2) $x_A = 44140$m、$y_A = 65197$m；$x_B = 44500$m、$y_B = 65380$m；$D_{AB} = 403$m；$H_C = 182.5$m、$H_D = 141$m、$H_G = 190.5$m、$H_H = 171.5$m

(3) $\alpha_{AB} = 27°$

(4) $i_{AB} = -69\%$；$i_{CD} = -38.5\%$；$i_{BD} = -51\%$；斜距 $D_{BE} = 225$m

第十章　测设的基本方法

第 4 题：126.037m

第 6 题：向直角一侧移动 35mm

第 7 题：以 N 点定向，望远镜向右拨转 81°26'25''，量出距离 44.822m

第 8 题：1.203m

第十二章　地下坑道测量

第 4 题：1.20 m

第十三章　建筑施工测量

第 3 题：$\delta = -6$mm

主 要 参 考 文 献

1. 胡伍生主编. 土木工程测量. 南京：东南大学出版社, 1999
2. 合肥工业大学等合编. 测量学. 北京：中国建筑工业出版社, 2000
3. 章学信主编. 地形测量学. 北京：地质出版社, 1993
4. 江宝波主编. 工程测量学. 北京：地质出版社, 1993
5. 陈英俊主编. 测量学. 北京：地质出版社, 1991
6. 陈昌乐编著. 建筑施工测量. 北京：中国建筑工业出版社, 1997
7. 吴运来等编著. 建筑施工测量手册. 北京：中国建筑工业出版社, 1998
8. 刘大杰等编著. 全球定位系统（GPS）的原理与数据处理. 上海：同济大学出版社, 1996
9. 王广运等编著. 差分GPS定位技术与应用. 北京：电子工业出版社, 1996